"十四五"普通高等教育本科部委级规划教材

成衣女装立体裁剪

基础篇

刘鹤 编著

中国纺织出版社有限公司

内 容 提 要

本书是"十四五"普通高等教育本科部委级规划教材。本书从适应服装设计专业教学发展趋势的目的出发，聚焦现代成衣女装立裁，对女装半身裙、连衣裙、衬衫、外套、大衣等经典品类进行划分，选取和凝练典型案例进行立体裁剪操作，详细展现立体裁剪主要过程和操作细节，阐述立裁方法。本书脉络清晰，图文并茂，为有效地引导学生理解成衣立裁应用技巧及板型形成的原理，启发设计思维，进行了系统性的归纳和整理。

本书可作为高等院校服装专业课程教材，也可作为服装行业领域的参考用书。

图书在版编目（CIP）数据

成衣女装立体裁剪. 基础篇 / 刘鹤编著 . -- 北京：中国纺织出版社有限公司，2023.8

"十四五"普通高等教育本科部委级规划教材

ISBN 978-7-5229-0760-4

Ⅰ . ①成… Ⅱ . ①刘… Ⅲ . ①女服—服装量裁—高等学校—教材 Ⅳ . ① TS941.717

中国国家版本馆 CIP 数据核字（2023）第 135201 号

责任编辑：宗　静　　　特约编辑：朱静波
责任校对：高　涵　　　责任印制：王艳丽

中国纺织出版社有限公司出版发行
地址：北京市朝阳区百子湾东里 A407 号楼　邮政编码：100124
销售电话：010—67004422　传真：010—87155801
http://www.c-textilep.com
中国纺织出版社天猫旗舰店
官方微博 http://weibo.com/2119887771
北京通天印刷有限责任公司印刷　各地新华书店经销
2023 年 8 月第 1 版第 1 次印刷
开本：787×1092　1/16　印张：11.75
字数：145 千字　定价：68.00 元

立体裁剪是区别于服装平面制图方法，将布料覆盖在人台或人体上，运用披挂、缠裹、折叠、分割等手法完成服装造型，调整修正布样，进而获取服装板型的一种技术手段。其优势是能够处理复杂的结构设计和创意的立体造型，尝试不同材质体验，直观地呈现服装设计效果。在三维状态下，对布料进行裁剪，观察布料的走向与整体平衡，获得造型，它是三维表现服装立体感的操作方法。

立体裁剪课程是服装设计专业主干课程，是在学生了解基本的工艺、结构和设计课的基础上，突出强调学生"软雕塑"能力的培养，是学生从认识人体造型、理解服装结构，到实现设计构思的一个全面提高。通过学习，使学生了解立体裁剪的基础知识，掌握立体裁剪基本技能和操作规范，针对服装结构设计中出现的问题，结合立体裁剪原理，进行有效的探索和分析，并提出解决方案，是学生学习后续课程、完成设计项目不可缺少的基础。

20世纪以来，欧洲高级服装产业逐渐向满足大众的成衣产业转变，在设计师的推动下，服装设计样貌层出不穷，这也深深地影响着人们的审美以及服装穿着习惯。

立体裁剪技术随着服装成衣业的发展而不断进步。在法国、意大利、英国、美国、日本等国家都得到广泛的应用和发展。20世纪80～90年代，中国引入立体裁剪技术，在服装行业中逐渐得到应用。与此同时，在服装院校专业教学中相继设置了立体裁剪课程，开展了相关研究工作，涌现出很多专业教材，有效地提升了专业教育水平以及服务产业的能力。

进入21世纪，随着数字化的发展，人们的生活方式也发生了巨大的变化，这对从事服装设计的专业人士提出了更高的要求。立体裁剪技术在成衣设计开发中发挥着越来越重要的作用。

党的二十大报告指出：要加快建设国家战略人才力量，努力培养造就更多大国工匠、高技能人才。积极推进高校人才培养的改革创新，在教学上需紧跟时代步伐，转变教学理念，提升教学水平。在立体裁剪教学中，要以工匠精神为引领，树立工匠意识，激发创新思维，提高学生立裁实践能力，培养更多行业需要的高技能人才。

本书的编写基于本人近些年来对于服装立体裁剪的研修以及任教过程的总结。针对当前服装企业立体裁剪技术的应用和发展水平，按照成衣品类划分，进行立裁操作过程的展示，款式结构从基础到变化，旨在方便学生认识和了解成衣立体裁剪技术。为了将立裁手法和技巧更清晰地展现出来，针对成衣案例，将立裁过程图文并茂地呈现出来，可以使学生简单、清晰地了解服装的款式结构以及立裁的具体操作过程和方法。本书基于适应服装设计专业教学发展趋势的目的，探讨从不同品类，用不同方法，介绍、诠释立体裁剪。使学生更好地了解和认识板型形成的原理，进而启发设计思维，提高服装设计表达能力。

由于作者水平有限，加之编写时间仓促，书中疏漏和不足在所难免，恳请广大同仁和读者给予批评、指正。

刘 鹤

2023年1月

教学内容及课时安排

章 / 课时	课程性质 / 课时	节	课程内容
第一章 /4	理论基础 /8	·	立体裁剪概述
		一	认识立体裁剪
		二	立体裁剪准备
第二章 /4		·	立体裁剪基础
		一	衣身原型
		二	衣身结构表现
第三章 /8	讲练结合 /56	·	半身裙立体裁剪
		一	直筒裙
		二	波浪裙
		三	褶裥裙
		四	拼片裙
		五	垂坠装饰半身裙
		六	不对称式半身裙
第四章 /12		·	连衣裙立体裁剪
		一	公主线分割连衣裙
		二	宽松式连衣裙
		三	褶裥连衣裙
		四	衬衫式连衣裙
第五章 /12		·	衬衫立体裁剪
		一	基础衬衫
		二	宽松衬衫
		三	无领灯笼袖衬衫
		四	立领休闲衬衫
第六章 /12		·	套装上衣立体裁剪
		一	基础套装上衣
		二	西装领套装上衣
		三	戗驳领西装上衣
		四	连肩袖休闲西装上衣

章 / 课时	课程性质 / 课时	节	课程内容
第七章 /12	讲练结合 /56	·	大衣立体裁剪
		一	戗驳领大衣
		二	落肩袖大衣
		三	插肩袖大衣
		四	连肩袖大衣

注　各院校可根据自身的教学特点和教学计划对课程时数进行调整。

立体裁剪概述

第一章

课题名称： 立体裁剪概述

课题内容： 1. 认识立体裁剪

2. 立体裁剪准备

课题时间： 4课时

教学目的： 使学生了解和认识立体裁剪，熟悉立裁的起源与发展概况，了解立体裁剪所需的工具和材料，并做好基础性的准备工作。

教学方式： 理论讲解、示范教学。

教学要求： 1. 了解平面裁剪与立体裁剪的区别。

2. 掌握人台标记线的粘贴方法。

3. 掌握立裁基本针法。

课前准备： 1. 准备立裁所需要的人台。

2. 粘贴人台标记线所需的工具和材料。

第一节 认识立体裁剪

一、立体裁剪

立体裁剪是区别于平面剪裁的一种剪裁方式，以人体模型为辅助，按照设计构思，通过布料的披挂、缠裹、分割等技术手法，修剪调整定型，立体获取服装板型的一种技术手段。

二、立体裁剪起源与发展

立体裁剪源于欧洲。在服装发展过程中，经历了古罗马披挂式、缠绕式服装形态，古希腊的束腰长衣形态，服装接近直线式裁剪的平面形式构成。从哥特时期开始，服装由宽衣向乍衣过渡，逐渐强调女性人体曲线，运用服装结构上变化，来实现服装立体塑造，服装结构从直线式裁剪逐渐过渡到复杂式裁剪，17、18世纪女装廓型达到了巅峰。

19世纪中期在法国出现高级时装屋，专门为宫廷、贵族等上层社会人士进行服装定制服务，裁缝师在服装设计制作过程中，除了运用传统裁剪技术外，还以真人着装进行必要的裁剪和修正，作为一种辅助的裁剪方式，这种方法在高级时装定制中得到沿用。

20世纪20年代，法国设计师玛德琳·维奥内特（Madeleine Vionnet），在进行服装设计时，依靠自制的木质人体模型进行服装裁剪，再经过拷贝图纸，放大到真人比例，得到服装的板型结构，进而完成自己的设计（图1-1）。这种独特的裁剪方式，开创了现代意义上服装立体裁剪的先河。

20世纪60年代，随着服装成衣业的发展，人体模型的研发，立体裁剪技术在法国、意大利、日本等国家得到广泛的应用和发展。我国从20世纪80～90年代引入立体裁剪，在服装行业中逐渐得到应用。

进入21世纪，随着数字化的发展，生活节奏的加快，社会经济的发展，生活方式也发生了巨大的变化，这对从事服装设计的专业人士提出了更高的要求。立体裁剪技术在成衣

图1-1

设计开发中发挥着越来越重要的作用。

三、平面裁剪与立体裁剪

平面裁剪是根据尺寸计算，推导画出纸样的一种裁剪方法，常见的有比例法和原型法。其优点在于能够快速得到样板，制板的全过程比较方便，需要具有丰富的实践经验，经过多次的修正和调整样板才能逐步趋于完美，达到设计效果。

立体裁剪使用基于人体的理想比例的人台或者直接用人体，将布覆盖其上，边裁剪边造型的一种设计表现方式。其优势是能够处理复杂的结构设计和创意的立体造型，尝试不同材质体验，直观地呈现服装设计效果。在三维的状态下，对面料进行剪切，观察面料的走向与整体平衡，获得造型，是三维表现服装立体感的操作方法。

在服装设计中，可先用平面裁剪完成基础性的结构样板，制作样衣，对于某些局部细节或一些具有特殊性的面料，为了达到更好的立体形状，往往采用平面与立体两种裁剪相结合的方法。

第二节 立体裁剪准备

一、工具和材料

1. 人台

人台作为人体的替代品是立体裁剪必不可少的工具。立体裁剪时一般使用工业用人台，是针对大多数的不特定人群，为成衣化生产服务，因此必须按照服装工业规格的尺寸来生产。人台因其目的和用途不同，有各种各样的类型（图1-2）。如半身人台、全身人台、分腿人台等。但也可以根据服装的品种、销售目标不同，各人台生产厂家独自开发具有不同使用目的的人台，如童装人台、胖型人台、孕妇人台等。

图1-2

2. 工具

立裁时，为了方便裁剪、测量、作标记、画图、别样、缝合等步骤，所需的主要工具包括：剪刀、大头针、针插、熨斗、贴线、直尺、曲线尺、褪色笔、压线轮、轮刀、复写纸、垫板（图1-3）。

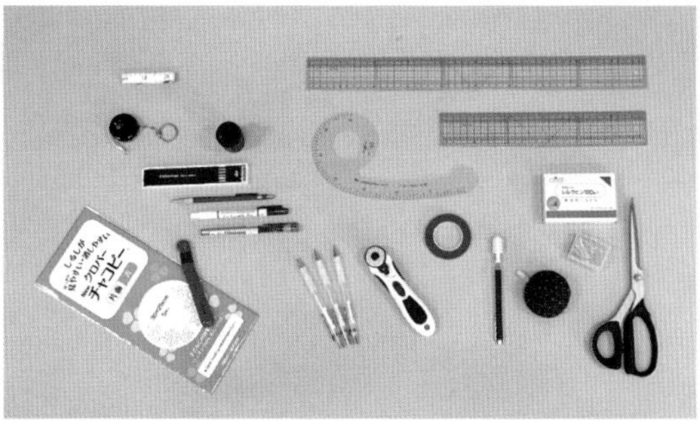

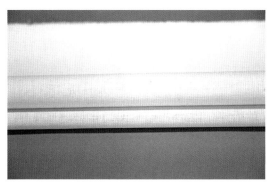

图1-3

3. 材料

立裁的材料通常选用白坯布，即平纹棉布。一些特殊性的面料，也可直接进行立裁（图1-4）。

根据组织的密度、厚度的不同，白坯布分为很多种类。可根据服装的类型和廓型来选择不同厚度的白坯布，通常选择中厚款。

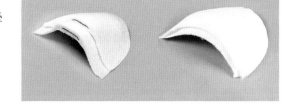

图1-4

4. 垫肩

为了服装的外形轮廓及体型补正而使用垫肩，分为不同的形状和厚度的垫肩（图1-5）。

二、标志线的贴法

人台上的标志线是立裁时的基准线，白

图1-5

坯布的丝缕线与标志线相吻合，才能保持立裁操作的正确性。另外，它也作为纸样拓板时的基准线。

贴标记线有多种方法，一般在人台上确定一个参考点，然后凭视觉得到标志线。可使用测量辅助工具，如线垂、直尺、水平仪等，同时利用视觉和测量器得到标准的标志线。

标志线的位置根据设计、外形轮廓的不同而不同。

1. 基础标志线

基础标志线包括：

（1）前中心线（CF）。

（2）后中心线（CB）。

（3）领围线。

（4）肩线。

（5）胸围线（BL）。

（6）腰围线（WL）。

（7）臀围线（HL）。

（8）侧缝线。

（9）袖窿线。

2. 人台上贴标志线

人台号型选用165/86A。

（1）前中心线。从前颈点开始，垂直向下贴出前中心线，可用线垂观测是否垂直（图1-6）。

（2）后中心线。同样，从后颈点开始，垂直向下贴出后中心线（图1-7）。

（3）领围线。从后颈点开始，经过侧颈处，一直连接到前颈点，在人台侧面，视线与侧颈位置保持水平，观察线条，使之形成一条直线，以保证领围线的圆顺（图1-8）。

（4）肩线。颈部厚度一半位置向后移1cm确定侧颈点，测量肩宽38cm，确定肩端点，连接两点，贴出肩线（图1-9）。

（5）胸围线。侧颈点垂直向下24～24.5cm，确定BP

图1-6

图1-7

图1-8

图1-9

胸点，以此为参考，水平贴出胸围线。可用
直尺、褪色笔依次连接画出水平线，确定后
再贴标记线，视线与胸围线保持水平，贴线
同时旋转人台（图1-10）。

（6）腰围线。后颈点垂直向下37.5~38cm，
确定后腰中心点，水平贴出腰围线。同样方法
进行辅助观测（图1-11）。

（7）臀围线。后腰中心向下18.5cm，确
定基准点，水平贴出臀围线。同样方法进行
辅助观测（图1-12）。

（8）侧缝线。胸围尺寸一半（$B/2$）的中
点向后移0.5~0.7cm，确定基准点，垂直向下
贴出侧缝线（图1-13）。

（9）袖窿线。前中心向袖窿16~16.4cm处
确定前宽点，后中心向袖窿18~18.4cm处确
定背宽点，胸围与侧缝线交点以上2cm，确定
袖窿底，从肩端点开始，经过前宽点、背宽
点和胸窿底，连接一条曲线，注意前袖窿比
后袖窿的弧度要大些（图1-14）。

贴好标志线的人台（图1-15~图1-17）。

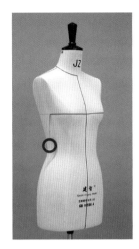
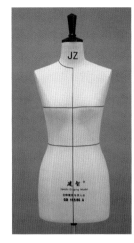

图1-10 图1-11

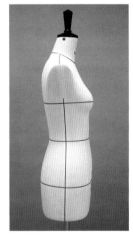

图1-12 图1-13

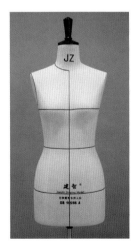

图1-14 图1-15 图1-16 图1-17

三、基本针法

立体裁剪时，为使操作方便，得到优美的造型，必须选用适当的针法。

大头针使用时，有白坯布固定在人台上的用法，也有为了制作造型、省道、分割线等效果的针法。

图1-18　　　　　　　图1-19

1. 固定用的针法

固定前中心等处的针法。在同一点用两根大头针交叉刺入人台固定，或用一根针水平方向将布固定在人台上（图1-18、图1-19），也常用单针临时固定（图1-20）。

2. 抓缝针法

抓合两片布的缝份，用大头针别合固定，大头针首尾间隔相连，形成一条线（图1-21）。

图1-20　　　　　　　图1-21

3. 重叠针法

两块布重叠放置，沿结构线用大头针别合固定。为了固定方便，可变换大头针的方向，垂直、水平、倾斜均可（图1-22～图1-24）。

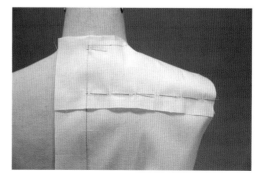

图1-22　　　　　图1-23　　　　　图1-24

4. 折叠针法

一块布折叠压在另一块布上，用大头针固定，折叠位置即是完成线。肩缝、育克、省道等制作过程中的完成线，都采用此类针法（图1-25、图1-26）。

 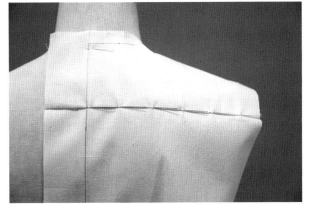

图1-25　　　　　图1-26

5. 隐藏针法

针从一块布的折痕处插入，挑起另一块布，再回到第一块布的折痕处的针法，多用于绱袖子（图1-27）。

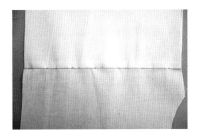

图1-27

思考与练习

1. 什么是立体裁剪？

2. 平面裁剪与立体裁剪的区别是什么？

3. 调研分析现代立体裁剪应用和发展现状。

4. 分析人体体块特征，完成人台标记线的粘贴。

5. 常用立裁基本针法练习。

立体裁剪基础

第二章

课题名称： 立体裁剪基础

课题内容： 1. 衣身原型

           2. 衣身结构表现

课题时间： 4课时

教学目的： 使学生了解基础衣身的结构特征、分析衣身的不同结构表现特征和种类，掌握衣身原型和衣身结构表现立体裁剪的基本步骤和方法。

教学方式： 理论讲解、示范教学。

教学要求： 1. 了解衣身原型结构特征，掌握衣身原型立体裁剪的基本步骤和方法。

           2. 了解衣身中省道、褶的不同变化特征，掌握衣身不同结构表现立体裁剪的基本步骤和方法。

课前准备： 1. 人台款式线粘贴。

           2. 坯布的裁剪和熨烫。

           3. 立裁所需工具。

第一节 衣身原型

一、款式结构分析

衣身原型，作为适合成人女子体型而制作的基础样板，要确保日常生活中活动所需最小限度的松量。其形式是使胸围线、腰围线呈水平，身体的凹凸部位由省道、结构线构造而成（图2-1）。

二、人台准备

在人台的基本的标志线上贴出前腰省、前侧省、肩省、后腰省、后侧省标志线（图2-2、图2-3）。

图2-1

三、坯布准备

1. 布样的估算方法

立体裁剪使用中厚的白坯布。可直接将布覆于人台上估算或用皮尺在人台上量取尺寸后进行估算。

（1）长度的确定方法。

①前衣身：从侧颈点经BP点到腰围线（WL）的尺寸，上下各加3cm的缝份量（图2-4）。

②后衣身：从侧颈点点经肩胛骨位置到WL的尺寸上下各加3cm的缝份量。

（2）宽度的确定方法。

①前衣身：从前中心到侧缝的尺寸加上缝份量及前中心侧加10cm尺寸（图2-5）。

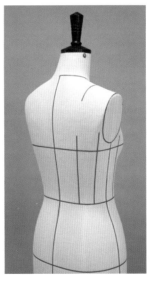

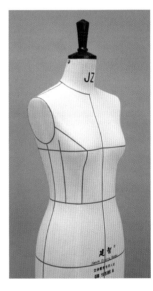

图2-2   图2-3

②后衣身：从后中心到侧缝的尺寸加上缝份量及后中心侧加10cm尺寸。

操作时，前后宽度大小一样。

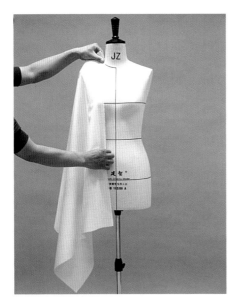

图2-4   图2-5

2. 裁剪

白坯布的布边易紧，布纹线歪斜，去掉1～2cm的布边，注意衣身的中心侧，应避免靠近布边裁剪。

3. 归正丝缕

为使纵、横丝缕线竖直、水平，需要熨烫、整理布样。一边熨烫，一边确认纵横丝缕归正。

4. 画标志线

使用HB或B型号的铅笔。将布料放置在桌面上，在织物组织的纱线面，手拿铅笔垂直立于布面，左手按住布料，右手画线，如果白坯布丝缕纵横归正，线条即为直线，如线条不直，需用熨斗继续熨烫，直至归正（图2-6）。

图2-6

（1）直纱线：前、后中心线及侧面的标志线。

（2）横纱线：将裁好的布覆于人台上，找到胸围线并标上记号。前后都画上水平的标志线，后衣身肩胛骨处也画出标志线。

5. 坯布准备

准备坯布，如图2-7所示。

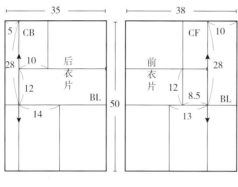

图2-7

四、立裁操作步骤与方法

1. 别样

（1）前衣身的中心线与人台上的中心线垂直对齐，胸围线水平对齐，用大头针固定。在BP点以上，布丝垂直（图2-8）。

（2）在前颈点的上方中心处打剪口（图2-9）。

（3）沿领围线剪去多余的布，预留缝份后，打剪口。注意侧颈点附近不要剪得太多。为了覆盖锁骨，领围线处放点松量，侧颈点处用大头针固定（图2-10）。

（4）胸围线的标志线到侧缝线处水平对齐，考虑到功能性，在胸围处适当加入松量，前胸宽与侧面形成转折面，用大头针固定，布料在袖窿处产生余量（图2-11）。

（5）捏出胸省。参考人台省位标志线，在胸宽处转折面下方，从袖窿线开始，向BP点方向收省，用抓合针法别合。侧缝布丝向下，在腰围线处固定（图2-12）。

（6）胸围线以下，布丝垂直向下，在侧面标志线两侧分配腰部形成的余量。腰围线以下2cm处打斜剪口（图2-13）。

图2-8

图2-9

图2-10

图2-11

图2-12

图2-13

图2-14

图2-15

（7）收腰省。参考人台腰省标志线，从腰围线以下2cm处向BP点附近用大头针别合布料，收腰省，腋点附近向前1cm处竖直向下别合侧腰省，大头针别合形成一条直线。注意，布料不要贴合人台别合，应留有空间量（图2-14）。

（8）在做后衣身之前，侧缝预留缝份向前翻折，用标记线重新贴出肩线（图2-15）。

（9）后衣身的中心线与人台的中心线对齐，肩胛骨处的标志线保持水平，用大头针固定。在肩胛骨下方，把布料贴合人台轻轻向下捋平，后中心线倾斜。后腰移动的量为后中心的省道量（图2-16）。

（10）向侧颈点方向将布由下向上捋平，打剪口，调整领围活动量，预留缝份后，用大头针固定，剪去领围处多余的布。在后背宽侧面处放入松量，得到箱型轮廓。

（11）向肩端点方向将布由下向上捋平，用大头针固定，在肩缝线上形成的余量作为肩省量。确认肩胛骨周围包覆的松量，参考肩省标志线，捏出肩省，用抓合针法固定。重叠别合前后肩线（图2-17）。

（12）侧面的布丝竖直地贴合于人台，用大头针固定。在腰围线的缝份处打剪口，腰围线上形成的余量分别在肩胛骨下方、后腋点外侧向下及侧缝处分散掉，腰围线以下2cm处用大头针固定，确定腰省的量、位置、方向及省尖点（图2-18）。

（13）与前片相同，用抓合针法别合腰省，大头针别合时形成一条直线，布料与人体形成一定的空间量。侧缝自然贴合人台，前后侧缝对齐，衣身胸围适当留一点松量，用抓合针固定（图2-19）。

（14）对应人台，让布料丝缕线水平、竖直，加上日常动作所需的功能性活动量，从前面、侧面、后面观察各部位的适合情况，并进行调整（图2-20）。

2. 点位

前后领围线、肩线、袖窿线、侧缝线、腰围线、各省道用铅笔作记号。袖窿线只做到前后腋点为止，在肩线和侧缝线这些接缝线的必要对位点位置，需加重标记（图2-21）。

3. 画板

（1）将白坯布从人台上拿下，并取下大头针。后衣身的肩省向外侧折倒，用折叠针法固定后画出肩线（图2-22）。

（2）合并前后肩缝，缝份倒向后衣身

图2-16

图2-17

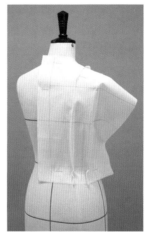

图2-18

图2-19

图2-20

图2-21

侧，用折叠针法固定。沿着前领围线、侧颈点、后领围线的点位，用曲线板画出圆顺的领围线（图2-23、图2-24）。

图2-22　　　　　　　　图2-23　　　　　　　　图2-24

（3）前衣身的袖窿省向下折倒，用折叠针法固定。从肩点开始，确定前宽、背宽及腋下点，用曲线板分别画出前、后袖窿弧线（图2-25、图2-26）。

（4）前后腰省分别折向侧缝，侧缝处后衣身折倒用折叠针法固定，用直尺画出腰围线（图2-27）。

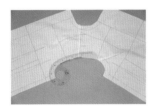
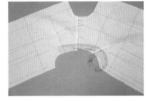

图2-25　　　　　　　　图2-26　　　　　　　　图2-27

4. 审视、检验

用大头针别成型，用折叠针法组合衣身。观察是否能够满足整个衣身的活动量。观察各结构线是否平衡，确认布料是否歪斜扭曲、浮起。进行必要的调整修正，重新画出修正后的板型（图2-28～图2-30）。

图2-28　　　　　　　　图2-29　　　　　　　　图2-30

5. 完成样板

将画好的板型重新熨烫整理，可通过打板纸重新进行拷贝，或直接在读图仪上进行1：1读图，输入CAD软件，进行调整、排版、输出打印样板。

五、板型结构图

衣身原型板型结构图如图2-31所示。

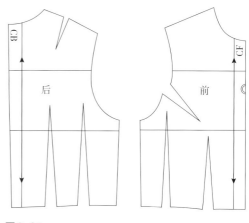

图2-31

第二节　衣身结构表现

为达到合体要求，省道是服装重要的结构线。根据款式的设计表现，省道的位置可以围绕胸部进行位置转移或拆分处理。这里介绍几种胸省的常见处理方法。

一、侧缝省

1. 款式结构分析

侧缝省为从侧缝指向BP点的省（图2-32）。

2. 人台准备

按照省的设计位置，在人台上贴出标志线。

图2-32

3. 坯布准备

准备坯布，与原型衣身尺寸大小一样（图2-33）。

4. 立裁操作步骤与方法

（1）别样。

①前衣身的纵、横标志线对齐，用大头针固定在领围处打剪口，整理平整。侧颈点处用大头针固定，肩部自然贴合。前胸宽位置做出转折面，适当加入松量，从袖窿到

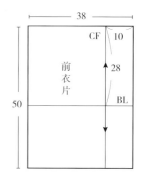

图2-33

侧缝轻轻地往下捋，侧缝位置固定，腰部依次打斜剪口，顺时针旋转布料，在侧缝处固定，在侧缝产生余量（图2-34）。

②将余量斜向收省，确定省的方向、长度、省尖位，用大头针固定。可通过省量的大小，来改变腰围的大小。剪去肩部、袖窿处多余的布（图2-35）。

（2）审视、检验。

观察调整在侧缝下方得到的胸省（图2-36）。

图2-34　　　　　　　　图2-35　　　　　　　　图2-36

5. 板型结构图

侧缝省板型结构图如图2-37所示。

二、T字省

1. 款式结构分析

T字省为从前中心指向BP点的省（图2-38）。

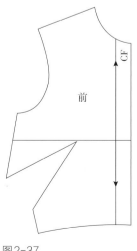

图2-37　　　　　　　　图2-38

2. 人台准备

按照省的设计位置，在人台上贴出标志线。

3. 坯布准备

准备坯布，与原型衣身尺寸大小一样。

4. 立裁操作步骤与方法

（1）别样。

①前衣身的中心线与人台的中心线竖直对准，胸围线水平对准，BP点左右处用大头针固定。整理领围线，固定侧颈点，胸围线以上丝缕放正，自然贴合人台，用针在肩点固定。前胸宽加入松量，让布料自然放下，在腋下固定；布料贴合人台，在腰围线固定。腰围线以下依次打剪口，保留腰部松量，多余的布料逆时针移向前中心，在BP点和腰围线固定（图2-39）。

②捏住前中心形成的余量，在前中心捏出省道，省道指向BP点，确定省尖位。剪掉腰部余布，沿人台中心线贴出中心线。剪去肩部袖窿侧缝、前中心处的余布，确认松量（图2-40）。

（2）审视、检验。

观察并调整别样得到的T字省（图2-41）。

图2-39   图2-40   图2-41

5. 板型结构图

T字省板型结构图如图2-42所示。在前中心处得到的胸省量，胸围线以下布料丝缕变斜，中心线有分割线。这种情况下，先缝合省道，然后缝合前中心线。

三、交叉省

1. 款式结构分析

交叉省指肩部指向BP点的省与前中心指向BP点的省交叉的省（图2-43）。

2. 人台准备

按照省的设计位置，在人台上贴出标志线。

3. 坯布准备

准备坯布，如图2-44所示。

图2-42

图2-43

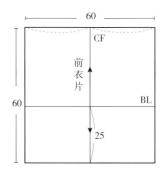

图2-44

4. 立裁操作步骤与方法

（1）别样。

①前衣身的中心线与人台的中心线竖直对准，胸围线水平对准，在前颈点、左右BP点、腰围处用大头针固定。左半身在腰围线以下2cm处，一边打剪口，一边顺时针旋转布料，布料自然贴合人台，在侧缝处固定，多余布料自然倒向前胸，在肩端点、侧颈点固定（图2-45）。

②前颈点大头针移至省交叉点处，在领围处打剪口，整理布料，产生的省指向BP点，省向下翻折对齐参考线，在省内侧折边处打剪口，剪至超过前中线2～3cm处，即另外一个省的延长线位置。将布料翻起临时固定（图2-46）。

③右半身与左半身同样做法，产生的省翻折后对齐参考线，留够缝份进行修剪。将之前的省复位，两个省的交点需对准前中线，用大头针别合。剪去肩部袖窿侧缝，确认松量（图2-47）。

（2）审视、检验。

观察并调整得到的交叉省（图2-48）。

图2-45　　　　　　图2-46

图2-47　　　　　　图2-48

5. 板型结构图

交叉省板型结构图如图2-49所示。在前中心得到两条交叉的省量，胸围线向上布料丝缕变斜了。交叉省可缝合处理，也可以从肩部缝至交点处，两条省不缝合，突出装饰性。

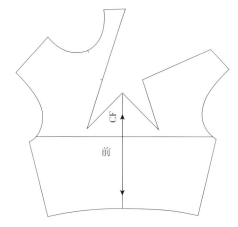

图2-49

图2-50

图2-51

图2-52

图2-53

图2-54

四、肩部塔克

1. 款式结构分析

肩部塔克款式结构图如图2-50所示。

2. 人台准备

按照省的设计位置，在人台上贴出标志线。

3. 坯布准备

准备坯布，与原型衣身尺寸大小一样。

4. 立裁操作步骤与方法

（1）别样。

①前中心线、胸围线对准，将布轻轻地覆合于人台，一边整理领围线一边打剪口。腰围线上打剪口，将侧边的布向胸围线方向由下往上捋平，布料自然贴合人台，胸围预留一定松量，胸宽处形成转折面，在侧缝和肩点位置固定，胸围线以上形成的余量转移到肩部（图2-51）。

②将肩部余量分配为两个塔克。塔克的方向指向BP点，两个塔克相互平行。剪去肩部、袖窿部侧边余布（图2-52）。

③再次检查塔克的位置、大小、方向以及塔克结束位置，向肩部折倒。整理腰部缝份，确认轮廓形状（图2-53）。

（2）审视、检验。

观察并调整得到的肩部塔克（图2-54）。

5. 板型结构图

肩部塔克款式结构图如图2-55所示。胸腰省转化两个塔克。

五、领部抽褶

1. 款式结构分析

领部抽褶款式结构图如图2-56所示。

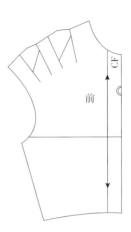

图2-55

2. 人台准备

按照省的设计位置，在人台上贴出标志线。

3. 坯布准备

准备坯布，与原型衣身尺寸大小一样。

4. 立裁操作步骤与方法

（1）别样。

①前衣身中心线与人台上的前中心线对准，胸围线水平对准人台，用大头针固定。前领围处打剪口，剪去余布，腰围线附近依次打剪口，将布料从侧缝线处顺时针向上移，确认前胸宽的松量，肩端点处用大头针固定。将肩端点处产生的余量推向领围（图2-57）。

②将移到领围处的余量进行放射状分配，用大头针固定，确定抽褶的止点位置。将抽褶的量、方向、长度进行适当分配，做出想要的造型（图2-58）。

③修剪领围、肩、袖窿、侧缝处的余布，整理轮廓形状。用胶带贴出领围线造型（图2-59）。

图2-56

图2-57　　　　　　　图2-58

（2）点位。

在领围线上进行点位，在抽褶的止点位置作出标记（图2-60）。

（3）审视、检验。

抽缩抽褶量，整理成放射状（图2-61）。

图2-59　　　　　图2-60

5. 板型结构图

领部抽褶板型结构图如图2-62所示。

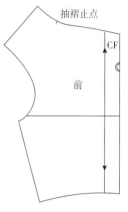

图2-61　　　　　图2-62

思考与练习

1. 白坯布纱向的确定方法是什么？

2. 白坯布布纹的归正方法是什么？

3. 立裁准备时布料尺寸的估算方法是什么？

4. 立体裁剪的基本步骤是什么？

5. 搜集现代成衣女装中不同衣身结构变化的服装款式图片，分组整理，并对其进行结构分析。

6. 完成3～5款不同结构衣身结构变化的立体裁剪练习。

半身裙立体裁剪

第三章

课题名称： 半身裙立体裁剪

课题内容： 1. 直筒裙

2. 波浪裙

3. 褶裥裙

4. 拼片裙

5. 垂坠装饰半身裙

6. 不对称式半身裙

课题时间： 8课时

教学目的： 使学生了解半身裙的款式特征、分析不同种类半身裙的款式变化和结构特征，掌握半身裙立体裁剪的基本步骤和操作方法。

教学方式： 理论讲解、示范教学。

教学要求： 1. 了解半身裙的款式特点，掌握半身裙立体裁剪的基本步骤和方法。

2. 掌握半身裙中波浪形态的立体裁剪基本原理和方法。

3. 掌握半身裙中褶裥形态的立体裁剪基本原理和方法。

4. 掌握不同结构变化半身裙立体裁剪的操作技巧。

课前准备： 1. 人台款式线粘贴。

2. 坯布的裁剪和熨烫。

3. 立裁所需工具。

第一节 直筒裙

一、款式结构分析

直筒裙从腰到臀贴合人体，呈直身轮廓，也称为一步裙、铅笔裙。

根据臀腰差，设置省道的结构形式。省道的数量、位置、省量及长短根据体型而变化。省道的位置、人体曲面部位、裙子的立体形状等，都是裙子结构设计的要点。直筒裙最理想的轮廓是布料轻裹腰部、腹部和臀部，臀围以下布料垂直向下或大腿部收紧，突出其修身合体特点。直筒裙是裙子的基本型，运用它可变化出各种各样轮廓的裙子，从而学到更多的知识和技术（图3-1）。

二、人台准备

在人台上贴出直筒裙所需的标记线，包括腰围线和省位线。腰围线需考虑人体腰部的体型变化，可贴水平状，也可在后腰位置下落一定的量，满足直筒裙的平衡。设计裙腰头为3cm宽度（图3-2、图3-3）。

三、坯布准备

（1）坯布长度根据设计裙长加上腰部缝份及底边折边量，再加10cm的余量。

（2）坯布宽度为人台的臀围尺寸的一半，侧缝多出5cm余量，中心侧加上10cm尺寸，在前后中心线和臀围线处画出丝缕线（图3-4）。

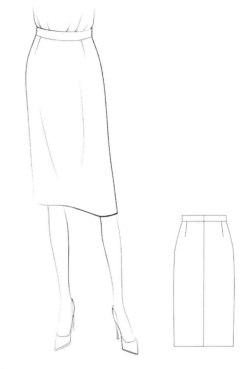

图3-1

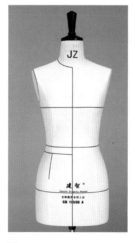

图3-2

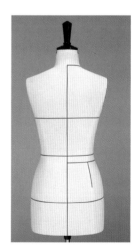

图3-3

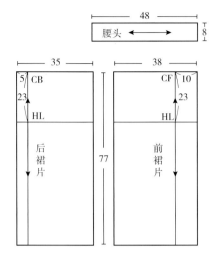

图3-4

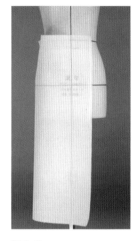

图3-5

图3-7

图3-6

图3-8

四、立裁操作步骤与方法

1. 别样

（1）前裙片。

①裙片的前中心线对准人台的前中心线，布丝垂直地面，同时臀围线水平，并与人台的臀围线对准，用大头针依次固定，在侧缝位置，沿臀围线可向前推出0.5cm左右的松量后固定。观察裙型，使其形成筒状（图3-5）。

②臀围线以上的侧缝处布丝放正，并与腰部贴合。为了均匀收掉臀腰差量，获得合适的省量，在侧缝处需将坯布向后移一定的量，并观察布丝方向。在臀围线附近形成松量，布料做缩缝（吃势）处理（图3-6）。

③将腰围线上的余量做成一个或两个省。考虑人体的体型特征，调整、检查省的位置、省的方向及省的长度，勿将腹部的隆起量全部收尽。

④用捏合针法固定腰省，沿省道方向用大头针贴合人体别合，从视觉上观察省的方向、位置及长度。在腰部可打剪口，预留缝份量，确定腰部的尺寸，可留出适当松量，沿侧缝位置用标记线贴出侧缝线（图3-7）。

（2）后裙片。

①后片与前片做法一样，后中心线和臀围线与人台的标记线对准固定，沿臀围线在侧缝处放松量后固定（图3-8）。

②考虑前后裙片平衡，在侧缝处沿腰节线方向向前移一定量，固定布片，在臀围线附近同样会形成吃势量（图3-9）。

③收省。顺着布丝方向捏合后腰省，用大头针捏合别成一条直线，要根据体型控制好省的位置、方向和长度（图3-10）。

④别合侧缝。顺着侧缝线用重叠针法别合前后布片，观察臀围线以下布丝要垂直向下，注意大头针不要别在人台上。再次检查裙片的平衡、省的形态及臀围的松量（图3-11）。

图3-9　　　　　　　　　　图3-10

2. 点位

（1）确认整体造型，用铅笔点出腰节线、省道和侧缝线的标记，在侧缝上标出腰围线和臀围线的对位点。

（2）确定裙长。根据直筒裙设计长度，确定裙长位置，借助直尺从地面向上统一高度，从前至后作出裙长标记。考虑直筒裙的机能性，在后裙片设置开衩位置（图3-12）。

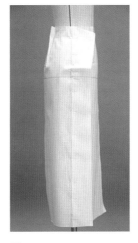

图3-11　　　　　　　　　　图3-12

3. 画板

将裙子从人台上取下来，以点位记号为准，进行画线，包括省位轮廓线，画出作缝，缝份1cm，底边留3cm。

4. 审视、检验

（1）用大头针别合成型，分别将省倒向中心侧，后侧缝倒向前侧缝，用折叠针法进行别合，下摆用垂直针法固定。

（2）大头针别合成型后将裙子还原穿在人台上，装上腰头，观察整体效果。

（3）腰头采用直腰处理，腰头宽为3cm，腰头留好缝份对折，夹住裙腰头缝份，用大头针水平固定。

（4）观察并调整裙子造型（图3-13~图3-15）。

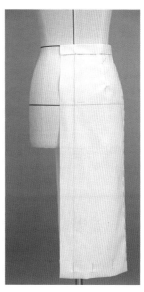

图3-13　　　　　　　　图3-14　　　　　　　　图3-15

五、板型结构图

将别样获得的布样转换成纸样。后片省道量比前片省道量大，表现出体型的结构特征（图3-16）。

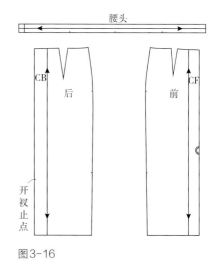

图3-16

第二节　波浪裙

一、款式结构分析

波浪裙是腰部无省，从腰部到下摆呈现波浪状的松弛下摆的裙子，也称大摆裙、伞裙。掌握立裁方法后，可通过控制摆量的变化来表现各种各样的裙型效果。

波浪的效果与面料特性有关，经纱和纬纱弹力平衡性较好的面料，更能使波浪产生自然效果，此外面料的丝缕线也会改变波浪的造型，可根据设计和面料特性进行立裁（图3-17）。

二、人台准备

在人台上贴出波浪裙所需的标记线。腰头为宽腰头设计，腰节线以下8cm水平贴出腰头下口线，并在标记线上均匀设置7个点，前后各3个点，侧缝处1个点，此点为波浪产生的位置（图3-18～图3-20）。

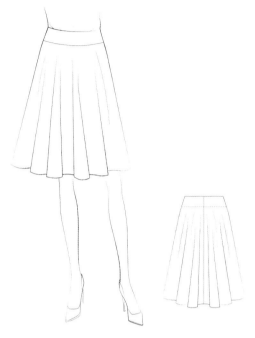

图3-17

图3-18

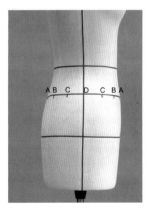

图3-19

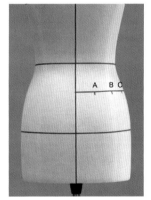

图3-20

三、坯布准备

准备坯布，如图3-21所示。

四、立裁操作步骤与方法

1. 别样

（1）前裙片的中心线与人台的中心线相吻合，布料水平线对准腰头

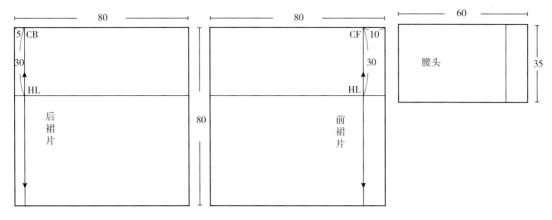

图3-21

图3-22

图3-23

图3-24

图3-25

下口线，固定布料，沿标记线捋顺布料（图3-22）。

（2）在A点位置用大头针固定，留1.5cm水平剪开布料，刀尖接近A点后打斜剪口至A点。左手将坯布向左下移动，右手调整裙摆，确定波浪量幅度，为防止下摆波浪的移动，在臀围线位置用大头针固定（图3-23）。

（3）调整坯布，在B点固定，先水平打剪口，在B处打斜剪口，与（2）同样方法做出裙摆量，检查摆量与已有裙摆是否平衡（图3-24）。

（4）用同样方法，分别做出C点、D点的波浪摆量，观察水平参考线的下移幅度，检查四个波浪摆量的平衡，在做D点的波浪时，需注意侧缝处下摆位置，保证裙长要求，避免布料过度下移，裙长变短。完成摆量后，在腰围线、臀围线处固定，沿侧缝贴出标记线（图3-25）。

（5）后裙片与前裙片用同样方法制作，不同之处是需要观察体型的变化，因臀部突出，调整波浪摆量，应注意前、后波浪量的平衡（图3-26）。

（6）侧缝位置，将布料与前片重叠做出摆量，沿标记线，用大头针将前后裙片叠合固定。从各个角度观察波浪裙的造型，检查裙片波浪量的平衡，并做出调整（图3-27）。

（7）制作腰头。沿腰头下口线重新贴一条标记线。在标记线处留够缝份量后，将布料前中心线对准人台前中心线，用大头针固定。在腰围线处水平剪开，并打剪口固定，使布料贴合人台。再重新调整布料，用同样方法，依次打剪口，固定布料，完成腰头制作（图3-28、图3-29）。

图3-26　　　　　　　　图3-27

图3-28　　　　　　　　图3-29

2. 点位

沿腰围线、腰头线点位，标出7个波浪位置点，用直尺距离地面相同高度，依次进行点位，确定裙长位置（图3-30）。

3. 画板

将裙子从人台上取下，分别画出腰头和裙子的板型，裙腰波浪位置点处，可画折线，突出定位位置，形成波浪稳定造型。

图3-30

4．审视、检验

用大头针将裙片别合成型，装上腰头，重新固定在人台上，确认观察裙子的形态（图3-31～图3-33）。

图3-31　　　　　　　　　图3-32　　　　　　　　　图3-33

五、板型结构图

波浪裙板型结构图如图3-34所示。将别样获得的布样转换成纸样。在腰围线上作出波浪点对位点。前后片的腰省量均转移为下摆量，前后裙片形成半圆形，整件裙片越接近圆形，如使摆量更多，裙片的角度可更大。

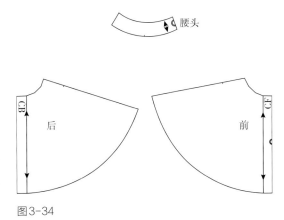

图3-34

第三节　褶裥裙

一、款式结构分析

褶裥裙是将腰臀差转化为褶裥设计的一款裙子。在设计制作时，可通过追加褶量来丰富褶裥形式，产生更好的造型效果。褶裥的种类多样，包括抽褶、垂褶、叠褶、荡褶、压褶等（图3-35）。

二、人台准备

在人台上贴出褶裥裙所需的标记线。在前腰处，用标记线贴出褶裥位置，后腰处贴出省位（图3-36、图3-37）。

三、坯布准备

准备坯布，长度按照设计裙长，追加10cm余量，前裙片宽度根据褶量大小和数量，预留尺寸后追加10cm余量（图3-38）。

图3-35

四、立裁操作步骤与方法

1. 别样

（1）前裙片中心线对准人台中心线，臀围线保持水平，固定坯布，多余布料可在人台后背临时固定（图3-39）。

（2）叠褶。叠褶需要注意褶的位置、数量、大小和

图3-36

图3-37

方向，在第一个褶裥位置将布料向内侧推移形成叠褶，褶倒向侧缝。为了形成的褶裥更为明显，褶量控制在3cm左右，从腰间一直延伸至裙摆，根据人体臀腰差变化，叠褶方向应符合上窄下宽的特点，确定褶的形态后，用大头针固定褶裥，在腰围线处固定布料（图3-40）。

（3）用相同方法依次叠出第二、第三个褶，叠褶时需体会形体的变化对于叠褶的影响。一边做，一边观察叠褶的方向变化，观察三个褶裥的平衡

48

腰头

8

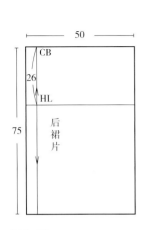

50

CB

26

HL

75

后裙片

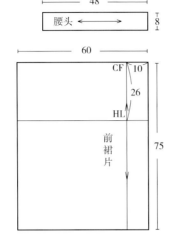

60

CF 10

26

HL

75

前裙片

图3-38

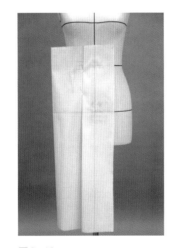

图3-39　　　　　　图3-40

（图3-41）。

（4）处理侧缝位置，臀围线可逐渐下移，形成A型裙特征，在腰围和臀围处固定，用标记线贴出侧缝线，修剪余布（图3-42）。

（5）后裙片中心线与人台中心线重合，臀围线水平贴合，在侧缝处将布料下移，使裙片形成A型，在臀围处固定（图3-43）。

（6）腰围线处，布料适当向前推移，在腰围线处固定一针，将后腰多余的量，做收省处理。观察前后裙片的平衡，沿侧缝线用重叠针法固定前后裙片（图3-44）。

图3-41

图3-42

图3-43　　　　　　图3-44

2．点位

沿腰围线点位，标注叠褶位置，腰围和臀围对位标记，在裙摆处，用直尺距离地面相同高度，沿裙摆依次进行点位，确定裙长位置（图3-45）。

3．画板

将裙子从人台上取下，按照点位标记，整理褶裥形状，在褶裥别合状态下画出腰围线，再放缝，沿裙长标记点画出底边弧线，画出裙子的板型（图3-46）。

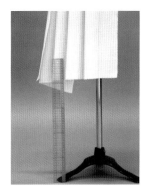
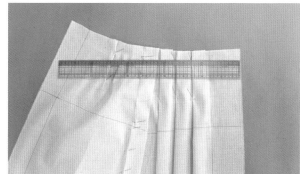

图3-45　　　　　　图3-46

4．审视、检验

用大头针将裙片别合成型，装上腰头，重新固定在人台上，确认观察裙子的形态（图3-47～图3-49）。

图3-47　　　　　　图3-48　　　　　　图3-49

图3-50

五、板型结构图

褶裥裙板型结构图如图3-50所示。将别样获得的布样转换成纸样。褶裥位置标记对位点，画出褶裥的倒向，褶裥的大小方向和数量，直接决定裙片的板型特征。

第四节　拼片裙

一、款式结构分析

拼片裙是由几片裙片拼合而构成的裙子。一般以公主线为基准对半身裙进行分割，腰部的省量转化为分割线处理，构成半身裙造型。拼片裙包括直筒裙、A字裙、波浪裙或鱼尾裙等（图3-51）。

二、人台准备

参考公主线，在人台上用标记线贴出前后裙片分割线位置（图3-52、图3-53）。

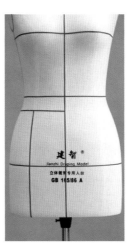

图3-51

图3-52　　　　　图3-53

三、坯布准备

准备坯布，长度按照设计裙长追加10cm余量，依据裙摆量大小，在人台上测量出每片裙片宽度后，追加20cm余量（图3-54）。

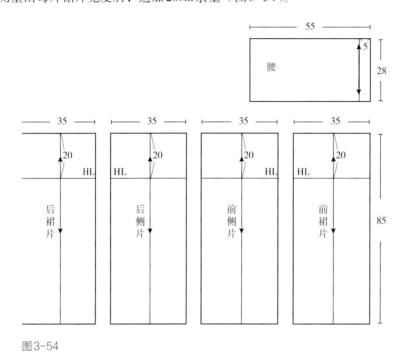

图3-54

四、立裁操作步骤与方法

1. 别样

（1）前片中心线对准人台前中心线位置，与臀围线保持水平，固定坯布。在腰围线处打剪口，取下臀围线处固定的大头针，以剪口止点为中心，用手在臀围线处进行抓合，产生摆量，中心线需垂直向下，这样才能形成自然的裙摆。调整定型后，在人台中心线和分割线处分别用大头针固定，并重新贴出标记线（图3-55、图3-56）。

（2）前侧片中心线对准人台侧片中心位置，臀围线保持水平，用前片相同做法，做出

图3-55

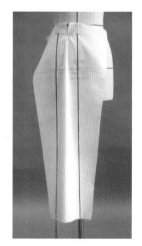

图3-56

图3-57

图3-58

前侧片的摆量，注意摆量与前片保持一致，中心线垂直向下，沿分割线将两裙片重叠固定，对准侧缝线贴标记线（图3-57、图3-58）。

（3）用相同做法完成后片与后侧片，观察每片摆量的整体平衡（图3-59、图3-60）。

（4）在腰头下沿处贴出标记线，腰头中心线对准人台中心线，在腰头下沿留余量后固定，布料贴合腰部固定，沿腰围线留2cm水平剪开，在中心线左侧4～5cm处打斜剪口，继续抚平布料并固定，依次在腰围线处打剪口，重复之前操作，完成腰头（图3-61、图3-62）。

图3-59

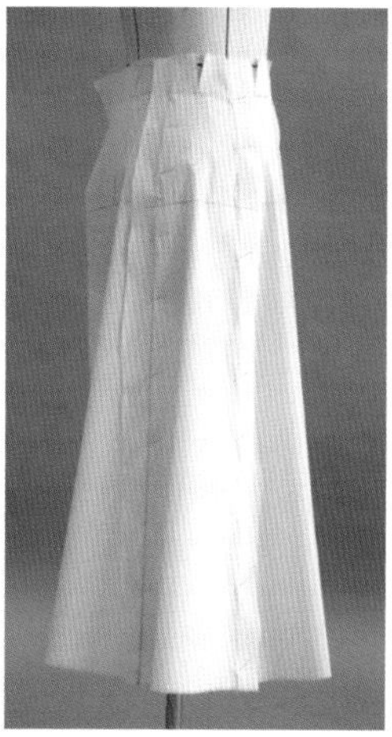

图3-60

2. 点位

在腰围线、腰头下沿进行点位，标注分割线位置，在裙摆处，用直尺距离地面相同高度，沿裙摆依次进行点位，确定裙长位置（图3-63）。

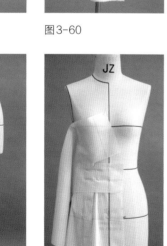
图3-61

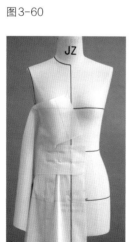
图3-62

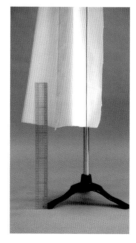
图3-63

3. 画板

将裙子从人台上取下，按照点位标记，画出裙子的板型。

4. 审视、检验

用大头针将裙片别合成型，装上腰头，重新固定在人台上，观察拼片裙的形态（图3-64～图3-66）。

图3-64　　　　　　图3-65　　　　　　图3-66

五、板型结构图

拼片裙板型结构图如图3-67所示。将别样获得的布样转换成纸样。

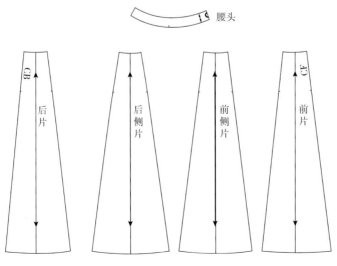

图3-67

第五节　垂坠装饰半身裙

一、款式结构分析

　　在半身裙的设计中，经常以基本款型为基础，附加外在装饰形态元素，产生新的设计。此款半身裙裙身为A字造型，无腰头设计，前片增加一层布料形成垂坠装饰，突出简约时尚、个性活泼的款式特征（图3-68）。

二、人台准备

　　在人台上贴出标记线（图3-69、图3-70）。

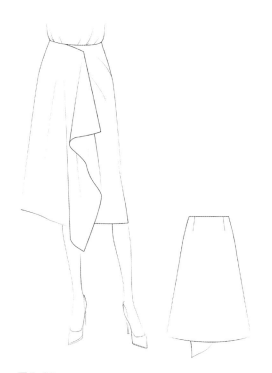

图3-68

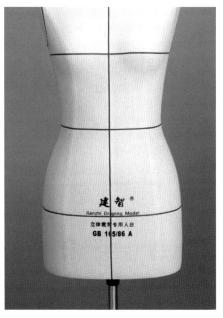

图3-69

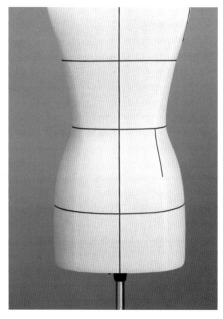

图3-70

三、坯布准备

准备坯布，如图3-71所示。

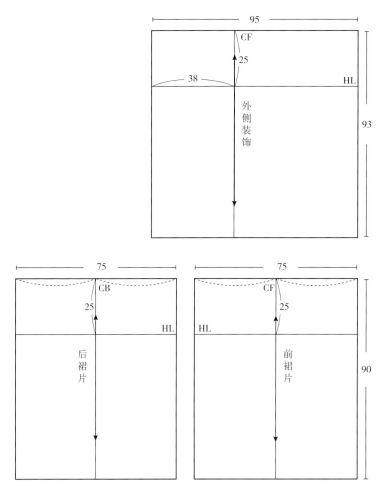

图3-71

四、立裁操作步骤与方法

1. 别样

（1）前裙片中心线对准人台中心线，臀围线保持水平，固定布料，裙片右侧在人台后面做临时固定，在腰围线留2cm余量水平剪开，7～8cm处打一个斜剪口，在人台侧面，左手拿着布料上端，轻贴人台，右手将布料逐渐下移，使布料形成A型轮廓，观察布料臀围线参考线下移幅度，确定A型裙的摆量，在人台侧面的腰线和臀围线处用大头针固定，胯部位置会形成一定

图3-72

图3-73

量的吃势，用标记线贴出侧缝线（图3-72、图3-73）。

（2）后裙片中心线对准人台中心线，臀围线保持水平，固定布料，裙片左侧在人台前面做临时固定。在人台侧面，左手拿着布料上端，轻贴人台，右手将布料逐渐下移，使布料形成A型轮廓，摆量与前片保持平衡，在人台侧面固定，胯部位置会形成吃势。因臀腰差较大，布料在后腰部位会产生一定的余量，做收省处理，腰围以上剪去多余的布料，用标记线贴出侧缝线（图3-74、图3-75）。

图3-74

（3）按照款式在前片贴出一条结构线，将布料前中心线与前裙片中心对齐，臀围线保持水平，腰围处打剪口，布料下移，产生A型轮廓，摆量与里面的前裙片保持一致，在人台侧面的腰线和臀围线处固定，胯部同样会产生吃势量（图3-76～图3-78）。

（4）在前中线处，依照结构线依次打剪口，剪口不宜过长，逐渐下移布料，使布料在前中处形成摆量，布料在腰部与结构线贴合并固定（图3-79）。

（5）在结构线的末端打剪口，继续下移布料，形成摆量，此时下摆会长于前裙片，

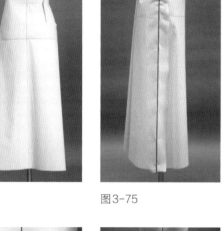

图3-75

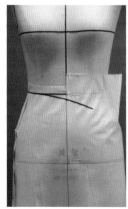

图3-76

图3-77

图3-78

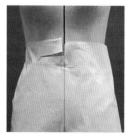

图3-79

并与布料边缘产生自然的垂边装饰效果，调
整最佳状态后在腰节处固定布料（图3-80）。

2. 点位

在腰围线、结构线处进行点位，臀围线
处作对位标记，在裙摆处用直尺距离地面相
同高度，沿前裙片裙摆依次进行点位，确定
裙长位置，外侧装饰布料下摆在侧缝处参考
前裙片的长度进行标记（图3-81）。

图3-80　　　　　　　图3-81

3. 画板

将裙子从人台上取下，按照点位标记，画出裙子以及装饰布料的板型。前
后裙片可通过拷贝得到完成样板。

4. 审视、检验

用大头针将裙片别合成型，重新固定在人台上，观察裙子的形态（图3-82～
图3-84）。

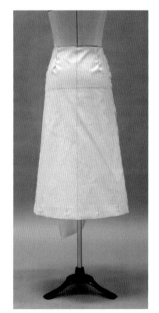

图3-82　　　　　　　图3-83　　　　　　　图3-84

五、板型结构图

垂坠装饰半身裙板型结构图如图3-85所示。将别样获得的布样转换成纸样。外侧装饰布料外轮廓简洁，呈几何形态，成衣才会产生更加自然的效果。

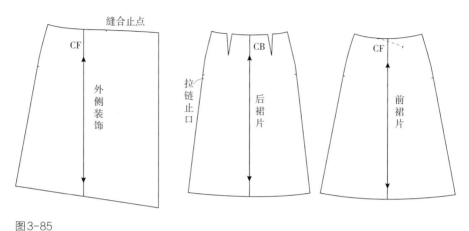

图3-85

第六节 不对称式半身裙

一、款式结构分析

半身裙可打破常规结构，运用不规则、不对称的设计方法，使半身裙具有设计独特性。此款半身裙为无侧缝设计，前裙片对公主线分割进行了位置和方向的改变，腰头、下摆分割线以及下摆为不对称设计，后裙片下摆的波浪装饰，增添时尚个性的设计特点（图3-86）。

图3-86

二、人台准备

在人台上贴出前片的分割线、腰头、省位线（图3-87、图3-88）。

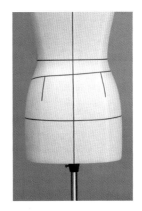

图3-87 图3-88

三、坯布准备

准备坯布，如图3-89所示。

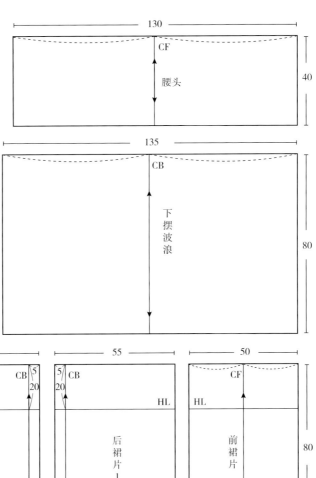

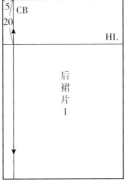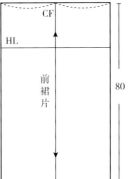

图3-89

图3-90

图3-91

图3-92

图3-93

图3-94

图3-95

四、立裁操作步骤与方法

1. 别样

（1）前裙片中心线对准人台中心线，臀围线保持水平，固定布料，左侧裙片布料由前腹部向后抚平，调整布料形成筒裙形状，在腰围和臀围处固定布料，胯部会产生吃势量（图3-90）。

（2）右侧裙片与左侧裙片做法相同，沿分割线贴出标记线（图3-91）。

（3）后裙片中心线对准人台中心线，臀围线保持水平，固定布料。在人台侧面，使裙片形成直筒状，与前片保持平衡，臀围线处固定，分割线处布料前移一定量后固定，胯部产生吃势量，后腰多余的布料，做收省处理，在分割线处将前后裙片重合固定（图3-92）。

（4）用相同方法做出左后片（图3-93）。

（5）按照款式设计和裙子的比例关系贴出下摆倾斜分割线，注意分割线的倾斜方向和错位变化（图3-94、图3-95）。

（6）做下摆波浪装饰。下摆留够长度后，其余布料放在上面，中心线与后裙片中心对齐，用针固定，先做左半部分，沿中心打剪口至分割线，逆时针向左下方旋转布料，形成波浪摆量，这时摆量的大小还要包括此处右半部分形成的摆量，摆量大小是预设量的1/2，分割线外留2cm后剪开，在7~8cm处用针固定，并打斜剪口，继续向下旋转布料，做出第二个波浪摆量。为了达到较好装饰效果，摆量可多一些。用同样的方法，沿着分割线依次做出后面两个波浪，最后一个波浪完成后，沿着前裙片纵向分割线用重叠针法固定，修剪多余的布料（图3-96、图3-97）。

（7）用相同方法完成右半部分，操作时重点观察波浪摆量的大小幅度以及彼此之间的平衡，并进行适度调整（图3-98、图3-99）。

（8）做腰头。沿腰头位置贴出标记线，前中心线对准人台中心线放置，先做左半部分，在腰部将布料抚平，用针固定，沿中心线剪开，腰围线留2cm余量后水平剪开，距中心线4～5cm处打斜剪口，继续抚平布料，用大头针固定，依次打剪口，重复之前操作，直至做到后腰中心线，留好缝份余量后，剪去多余的布料（图3-100、图3-101）。

（9）腰头右半部分用相同方法完成。

2. 点位

标记腰围线，腰头分割线、侧缝线上的对位点。用标记线贴出裙长高度，注意倾斜角度，用直尺依次点出裙摆位置，后片裙摆同样保持一定的倾斜角度（图3-102）。

3. 画板

将裙子从人台上取下，按照点位标记，画出裙子的板型。因在制作下摆波浪装饰时，在分割线处容易产生误差，需再次复核下摆波浪装饰的上沿尺寸，与裙子下摆分割线的长度保持一致，并做好波浪位置的对位标记。

图3-96　　　　　　　　图3-97

图3-98　　　　　　　　图3-99

 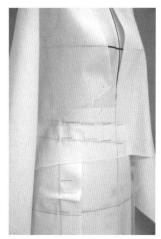

图3-100　　　　　　　　图3-101

图3-102

图3-103

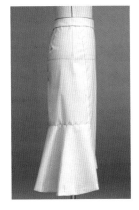

图3-104

图3-105

4. 审视、检验

用大头针将裙片别合成型，重新固定在人台上，观察裙子的形态（图3-103～图3-105）。

五、板型结构图

不对称式半身裙板型结构图如图3-106所示。前裙片的分割线在公主线区域做适度方向性改变，体会分割线位置和方向的变化对于腰省处理的细微影响（图3-106）。

思考与练习

1. 探析半身裙裙摆的处理与布纹方向的关系。

2. 半身裙中波浪、褶裥和不规则结构等款式立体裁剪的基本步骤和操作技巧是什么？

3. 搜集成衣女装中半身裙的款式图片，分组整理，并对其进行结构分析。

4. 完成两款半身裙的立体裁剪练习。

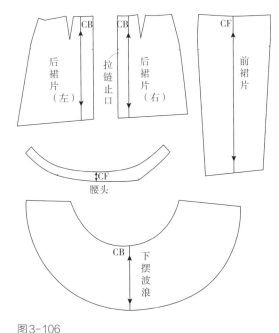

图3-106

连衣裙立体裁剪

第四章

课题名称： 连衣裙立体裁剪

课题内容： 1. 公主线分割连衣裙

2. 宽松式连衣裙

3. 褶裥连衣裙

4. 衬衫式连衣裙

课题时间： 12课时

教学目的： 使学生了解连衣裙的款式特征，分析不同种类连衣裙的款式变化和结构特征，掌握连衣裙立体裁剪的基本步骤和操作方法。

教学方式： 理论讲解、示范教学。

教学要求： 1. 了解连衣裙的款式特点，掌握连衣裙立体裁剪的基本步骤和方法。

2. 了解连衣裙中分割线的立体裁剪操作方法，通过收腰和宽松的造型变化，掌握胸腰臀位置上松量的加放方法。

3. 掌握如何通过褶裥的运用，通过立裁手法达到收腰合体的目的，从而达到设计的要求。

4. 掌握衬衫式连衣裙中领和袖的立裁基本步骤和方法。

课前准备： 1. 人台款式线粘贴。

2. 坯布的裁剪和熨烫。

3. 布手臂及立裁所需工具。

第一节 公主线分割连衣裙

一、款式结构分析

公主线分割连衣裙以公主线为基础分割结构，上身细腰合体，下摆呈现A字摆波浪形态，在立裁过程中，可通过裙长以及摆量幅度的调整，塑造出多种柔和、灵动的外轮廓造型（图4-1）。

二、人台准备

在人台上贴出公主线，前身经过胸点附近、腰部以及腹部突出部位，后身经过肩胛骨、腰部以及臀部突出位置，贴出所需标记线，重新贴出领围线，为突出女性上身纤细效果，减少肩宽量，重新确定肩点，贴出袖窿线（图4-2、图4-3）。

图4-1

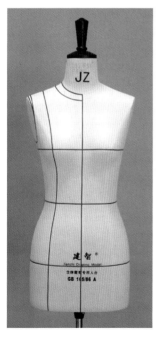

图4-2

图4-3

三、坯布准备

准备坯布，如图4-4所示。

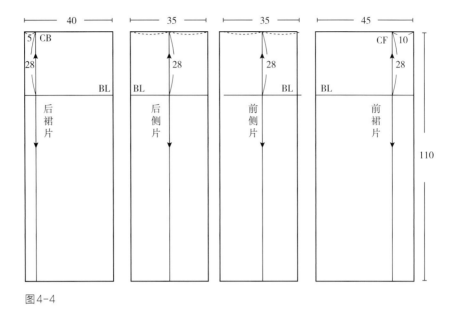

图4-4

四、立裁操作步骤与方法

1. 别样

（1）前裙片中心线对准人台中心线，胸围线保持水平，布丝垂直向下，在前颈点、胸部、腰围线，臀围线处固定（图4-5）。

（2）领口留够余量，沿领围线修剪多余布料，使布料贴合人台，在锁骨位置可适当留一些松量，在肩线处固定（图4-6）。

（3）在腰间公主线位置竖直别一根大头针进行标记，提起布料用剪刀打剪口，剪至距腰间大头针1cm处，在腰围线抚平布料，使布料贴合腰部，或适当留有一些松量，在公主线外侧固定，胸部产生多余的布料做临时收省处理，公主线外侧留4～5cm后修剪多余布料（图4-7）。

（4）腰围线以下将布料向下旋转，推移出摆量，摆量的大小可根据设计进行调整，同时观察侧面布边的位置，避免因摆量过大，导致裙长的缩短。为使腰部布料平整，可沿公主线方向在腰部拨开一定的量，调整好摆量后，公主线外侧固定布料，在公主线位置由上至下贴出标记线，剪去多余的布料（图4-8）。

（5）前侧片中心线对准人台前侧的中心区域，与胸围线重叠一致，布丝保持垂直向下，在胸围线和腰围线处固定，肩部做临时固定，公主线处用大头针作标记，距离大头针位置1cm处用剪刀剪开，沿公主线向上别合布料至胸部，布料自然倒向前胸，使侧面与前胸形成转折面，在肩部固定，沿公主线重叠别合布料（图4-9、图4-10）。

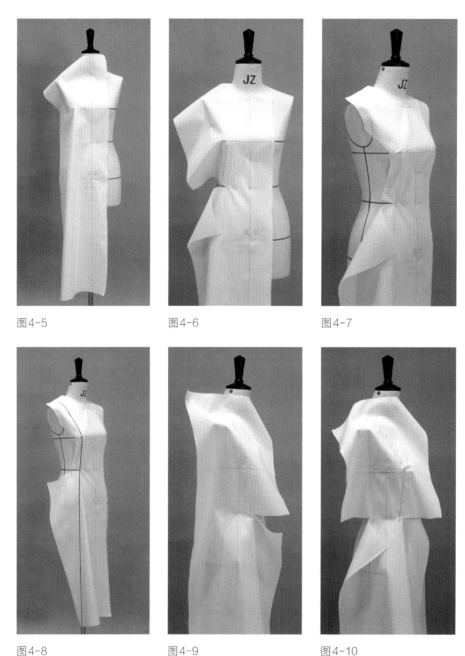

图4-5　　　　　　　　　　图4-6　　　　　　　　　　图4-7

图4-8　　　　　　　　　　图4-9　　　　　　　　　　图4-10

（6）腰部侧缝处用大头针作标记，用剪刀剪至距离大头针1cm处，在胯部将布料同时向中心推移，形成摆量，同时保持中心线竖直向下，摆量幅度与前片摆量保持一致，沿公主线与前片重叠固定，在侧缝处、肩缝处贴出标记线，修剪多余布料（图4-11）。

（7）后裙片中心线对准人台中心线，胸围线保持水平，在后颈点、肩胛位置固定布料，背宽线以下布丝垂直向下，这时后中心线会向外侧偏移，在后腰中心固定，布丝垂直向下后在臀围线处固定（图4-12）。

（8）在腰间公主线处用大头针作标记，留1cm余量后用剪刀剪开，留够余量后在腰围线处固定。沿领围线用剪刀修剪至侧颈点，后颈部留一定的松量，在侧颈点固定，公主线外侧固定后修剪余布（图4-13）。

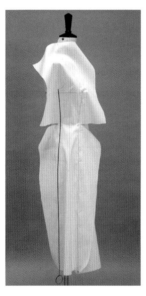 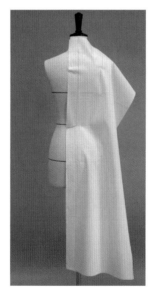 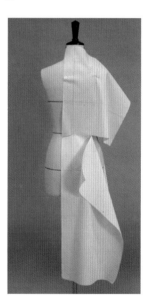

图4-11   图4-12   图4-13

（9）腰围线以下将布料向下旋转，推移出摆量，摆量的大小与前裙片保持一致。公主线外侧固定，在公主线位置由上至下贴出标记线，剪去多余的布料（图4-14）。

（10）后侧片中心线对准人台后侧的中心区域，与胸围线重叠一致，布丝保持垂直向下，在胸围线和腰围线处固定，腰间公主线、侧缝线处用大头针作标记，分别剪开，用针固定，后侧面保持布丝竖直向下，自然倒向背宽，捋平布料后在肩部固定，沿公主线向下重叠别合布料至腰部，同时别合侧缝处（图4-15）。

（11）与前侧片做法相同完成后侧片的摆量制作，调整摆量大小，观察前后面的摆量的整体平衡，别合公主线和侧缝线，在肩缝处重叠固定（图4-16）。

图4-14　　　　　　　　　图4-15　　　　　　　　　图4-16

2. 点位

在领围、肩线、袖窿线上点位，标记三围线的对位点。在裙摆处，用直尺距离地面相同高度，沿裙摆依次进行点位，确定裙长位置（图4-17）。

3. 画板

将裙子从人台上取下，按照点位标记，画出裙子的板型。

4. 审视、检验

用大头针将裙片别合成型，重新固定在人台上，观察连衣裙的形态（图4-18～图4-20）。

五、板型结构图

板型结构图如图4-21所示。公主线的设置，解决了前后裙片省量的处理，同样达到合体收腰效果，裙摆大小可根据设计进行相应调整，以获取不同轮廓造型。

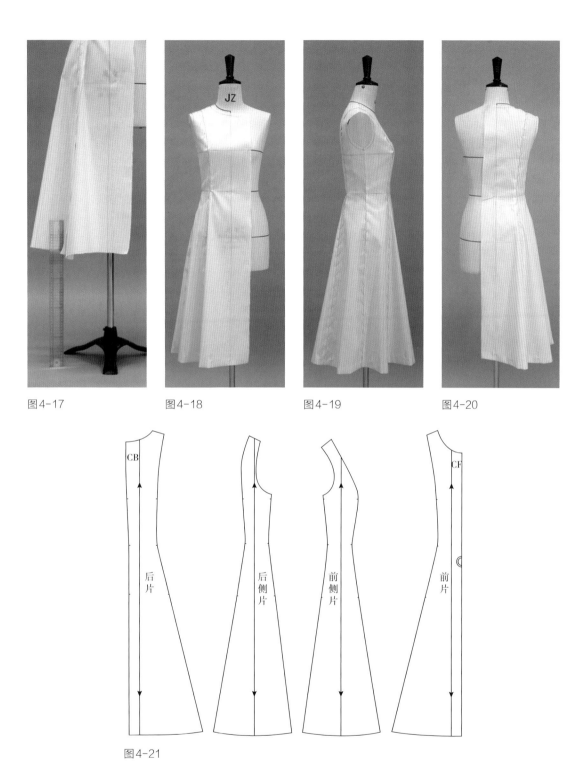

图4-17　　　　　图4-18　　　　　图4-19　　　　　图4-20

图4-21

第二节 宽松式连衣裙

一、款式结构分析

宽松式连衣裙前后分别设置一条分割线，无侧缝设计，变为三开身。整体偏直身特点，在腰围和臀围拥有足够的松量，突出时尚休闲的款式特点（图4-22）。

二、人台准备

在人台上贴出前后分割线，分割线位置分别由前宽点和后宽点向下延伸，重新贴出领围线和袖窿线（图4-23～图4-25）。

图4-22

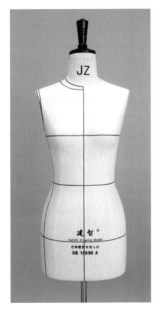

图4-23

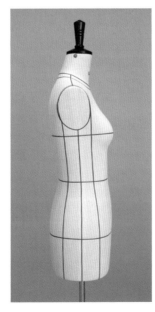

图4-24

图4-25

三、坯布准备

准备坯布，如图4-26所示。

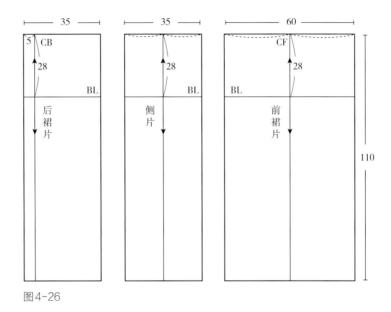

图4-26

四、立裁操作步骤与方法

1. 别样

（1）前裙片中心线对准人台中心线，使布丝垂直向下，在前颈点、胸部、臀围线处固定。领口前中线处剪开，右半身做临时固定，左侧领围留够余量，沿领围线修剪多余布料，前胸布丝竖直向上，使布料贴合人台，在锁骨位置可适当留有余量，在侧颈和肩点处固定（图4-27）。

（2）布料倒向人台侧面，前胸与侧面形成转折面，袖窿处可适当留一点余量，以分配胸省量。沿胸围线向前推移一些松量后固定布料，胸围线处可临时做收省处理，收省量不宜过大，省量做吃势。布料自然向下悬垂，观察布料在臀围线处的松量，在臀围线处固定，在分割线处贴出标记线。前裙片无胸省设计，胸省量分配到前颈、胸部和胸围线处（图4-28）。

（3）后裙片中心线与人台中心线重叠放置，在后颈点、臀围线处固定。在背宽部位布料保持水平后固定，布料倒向侧面，观察胸围和臀围处的松量大小，保持布料自然下垂，形成梯形轮廓，调整好后在胸围和臀围处固定，在分割线处贴出标记线（图4-29、图4-30）。

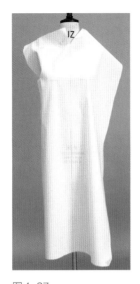
图4-27

图4-28

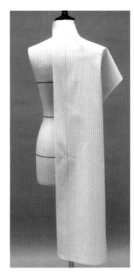
图4-29

图4-30

（4）后中心线向下打开剪口，留够缝份量后，沿领围线向侧颈点修剪，后中心线可向左侧偏移一点后固定，以分配肩胛骨省量，在领围处留一些松量后在侧颈部位固定，背宽线以上布丝垂直向上，抚平布料在肩点固定，多余布料可在肩线上做吃势处理，修剪袖窿多余布料（图4-31）。

（5）侧面布料中心线对准侧面中心区域，使布丝竖直向下，在腋点、臀围处固定。将布料与前后片贴合后，分别别合前后分割线，确保分割线的流畅性，大头针针距可远些（图4-32、图4-33）。

图4-31

图4-32

图4-33

图4-34

图4-35

图4-36

图4-37

2．点位

在领围线上描点作标记，标记肩点、胸宽点、背宽点和腋点，标记分割线上的三围线对位点。在裙摆处，用直尺距离地面相同高度，沿裙摆依次进行点位，确定裙长位置（图4-34）。

3．画板

将裙子从人台上取下，按照点位标记画线，完成裙片样板拷贝，画出裙子的板型。

4．审视、检验

用大头针将裙片别合成型，重新固定在人台上，观察连衣裙的形态（图4-35～图4-37）。

五、板型结构图

连衣裙结构简洁，为两条分割线设计，因无省处理，拼合后成平面状态，为使连衣裙更宽松，裙片获取更大裙摆，也可不做分割线，增加侧缝设计（图4-38）。

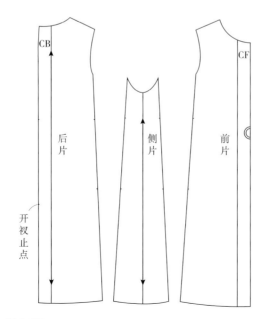

图4-38

第三节 褶裥连衣裙

一、款式结构分析

褶裥连衣裙将面料省量转化为褶裥处理，通常将褶设计在腰部，以处理胸省和腰省，线条自由发散，突出褶皱在腰部的装饰效果。裙身收腰合体，个性活泼，制作成衣时选择悬垂性好的面料效果更佳（图4-39）。

二、人台准备

在人台腰线附近贴出褶裥参考线，重新贴出领围线和袖窿线（图4-40～图4-42）。

图4-39

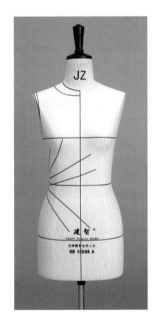

图4-40

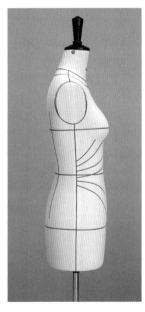

图4-41

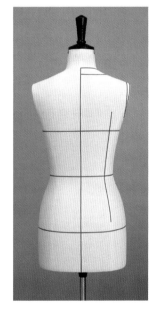

图4-42

三、坯布准备

准备坯布，如图4-43所示。

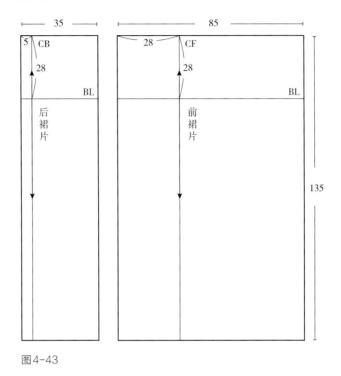

图4-43

四、立裁操作步骤与方法

1. 别样

（1）前裙片中心线对准人台中心线，使布丝垂直向下，分别在前颈点、胸部、臀围线处固定，领口前中线处剪开（图4-44）。

（2）在领围处留够余量后修剪多余布料，前胸布丝竖直向上，使布料贴合人台，在锁骨位置适当留一点松量，在两侧侧颈和肩点处固定（图4-45）。

（3）布料自然倒向侧面，在腰部参考线处叠出第一个褶，褶量参考胸省量大小，理顺布料并固定，观察胸围线以下布料的余量，在下方参考线处，向上叠出第二个褶，褶下方捋平布料，用大头针固定。这样，左半身的胸腰差量已逐渐转化为两个褶量（图4-46）。

（4）在右侧侧缝胸围线处固定。参考第三个褶位，向上叠褶，褶尖指向右侧胸部位置，布丝逐渐向左侧倾斜，右侧侧缝腰围线做临时固定，用同样方法完成第四个褶，这时由于布料向左上方旋转，在腰部会产生一定的多余布料，为了达到收腰效果，在右侧腰部需向外侧推移布料，使布料尽量贴合人台，调整褶的形态，保持自然流畅，并在侧缝线处固定（图4-47）。

（5）在腰围线以下处向上叠褶，褶尽量长，褶尖指向右侧臀围线处，调整腹部和臀围处的布料，在侧缝处固定，使布料贴合人台。布料继续向上旋转，叠出最后一个褶，整理布料，调整裙型，在臀围线处固定，观察几个褶的方向，需要以腰间为中心，产生向外发散的效果（图4-48、图4-49）。

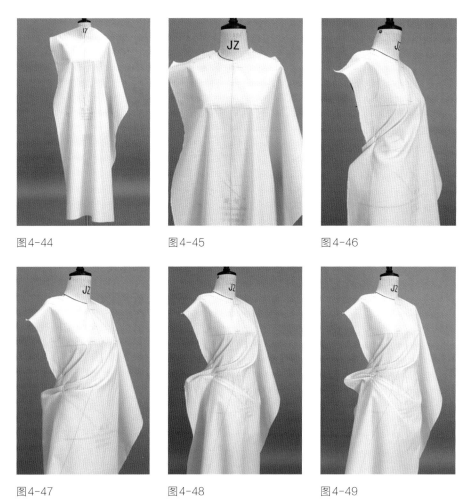

图4-44　　　　　　　　图4-45　　　　　　　　图4-46

图4-47　　　　　　　　图4-48　　　　　　　　图4-49

（6）从裙型整体出发，再次观察调整褶的大小、长短、方向和位置以及褶的形态是否自然，检查腰部的收腰效果，使裙子呈筒裙轮廓（图4-50）。

（7）在人台右侧贴出侧缝标记（图4-51）。

（8）在人台左侧腰部打剪口，使腰部布料平整，贴出侧缝线（图4-52）。

图4-50　　　　　　　图4-51　　　　　　　图4-52

（9）用皮尺由腰围线向下确定裙长位置，预留折边量，修剪多余的布料（图4-53）。

（10）后裙片中心线对准人台中心线，在后颈点固定，使背宽部位布丝保持水平后固定布料，在中心线右侧，用大头针在后背竖直向下划一下，观察布丝方向，布丝保持垂直向下，这时在后腰中心，布料会向左偏移一定的量，固定后打剪口，再将布丝垂直向下，用大头针在臀围线处固定（图4-54）。

（11）胸围线、臀围线处保持水平，做临时固定，在后背公主线位置竖直向下预收后腰省，保持背部、臀部的布料平整，用大头针在侧缝处的三围线上固定（图4-55）。

（12）大头针贴合人体，由腰部开始分别向胸围和臀围处别合省量，确定省尖位置（图4-56）。

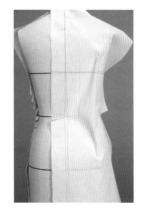

图4-53　　　　　　图4-54　　　　　　　图4-55　　　　　　　图4-56

（13）调整后颈点，布料可向左侧偏移，以分解肩胛省量，沿领围修剪多余布料，后颈部适当留一点松量，在侧颈点固定，固定肩点，在肩线处分配一些省量，重叠别合前后肩线。比较前裙长，修剪裙长。

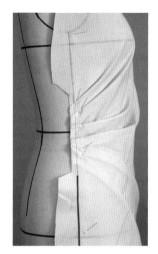

2. 点位

在领围线上描点作标记，标记肩点、胸宽点、背宽点和腋点，标记分割线上的三围线对位点。腰部褶裥部位，可在人台上进行标记，画出缝份，并修剪（图4-57）。

图4-57

3. 画板

将裙子从人台上取下，按照点位标记画线，完成前裙片的左右身样板拷贝，画出裙子的板型。

4. 审视、检验

用大头针将裙片别合成型，重新固定在人台上，观察连衣裙的形态（图4-58~图4-60）。

图4-58

图4-59

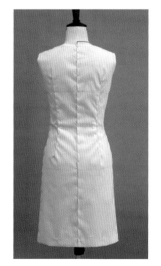

图4-60

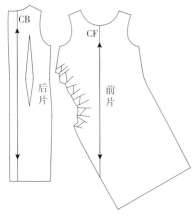

图4-61

五、板型结构图

由于褶裥的形态，而使前裙片呈现不规则结构，人台会因褶裥的变化，对裙子结构产生影响（图4-61）。

第四节　衬衫式连衣裙

一、款式结构分析

具有衬衫式样的连衣裙设计，增加了领、袖、袖克夫等局部细节，其独特的下摆处理方式，使款式设计富有变化，通常选择轻薄的时尚印花面料，更能突出款式的时尚感和女性美特征（图4-62）。

二、人台准备

在人台上贴出领口线、领型线、前门襟线以及省位线（图4-63、图4-64）。

图4-62

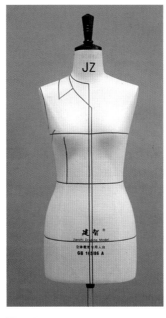

图4-63

图4-64

三、坯布准备

准备坯布，如图4-65所示。

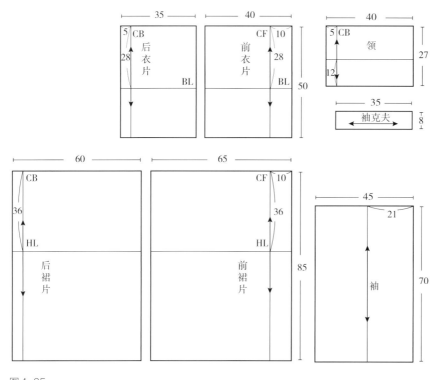

图4-65

四、立裁操作步骤与方法

1. 衣身与衣领

（1）别样。

①前衣身中心线，胸围线分别对准人台前中心线与胸围线，在前颈、胸部、腰部依次用大头针固定，前颈中心打剪口（图4-66）。

②在胸围线以上布丝向上捋，在领围处进行修剪，固定侧颈点和肩点。胸围线处放松量，保持水平，在侧缝处固定，布丝自然向下，在腰围线处固定，在腰部自然产生余量（图4-67）。

③在腰部留一点松量后收省，重叠固定布料，使大头针形成一条直线，省尖消失点在胸围线以下（图4-68）。

④拿掉胸围线处的大头针，将胸围线以上的胸省量向下转移，前胸与侧

面形成转折面，并留有活动松量，用大头针在胸围处重新固定，参考省位，将多余的量进行收省处理（图4-69）。

　　⑤修剪多余的布料，沿侧缝向前折叠后临时固定。

　　⑥后衣片中心线对准人台中心线，用大头针在后颈点固定，使背宽部位布丝保持水平后，固定布料。胸围线以下，布丝保持垂直向下，贴合人台捋顺布料，后腰中心处布料会向左偏移一定的量，在后腰处固定（图4-70）。

　　⑦胸围线保持水平，初步调整出后腰的省量，由于连衣裙款式需要装袖，所以要给身体预留出足够的活动松量，具体位置为后背与侧面的转折面处，调整好后，用大头针在侧缝处固定，布料自然向下，在腰围处固定（图4-71）。

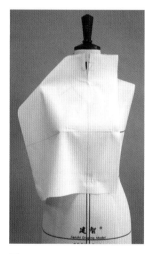 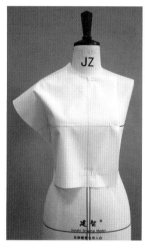 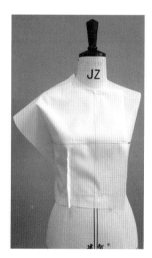

图4-66　　　　　　　　　图4-67　　　　　　　　　图4-68

  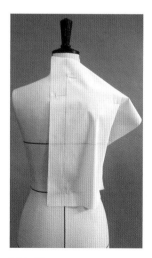

图4-69　　　　　　　　　图4-70　　　　　　　　　图4-71

⑧在腰部留有一定的松量后，将多余的量进行收省，省尖指向肩胛骨位置（图4-72）。

⑨沿领围线修剪余布，后颈处留一定的松量，在侧颈固定，将肩胛骨的省量均匀分配在肩线上，重叠固定肩线。侧缝处观察松量的大小，将前后片进行捏合固定（图4-73、图4-74）。

  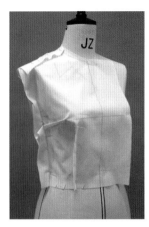

图4-72　　　　　　　　图4-73　　　　　　　　图4-74

⑩将前后省倒向侧缝，重新贴出腰围线（图4-75）。

⑪前裙片中心线和臀围线对准人台中心线和臀围线，腰部留够缝份，剪开，4～5cm处打斜剪口，向下旋转布料，形成摆量后在臀围线处固定，再次剪开布料，打斜剪口，做出摆量，摆量大小与之前保持一致，臀围线固定，相同做法完成第三个摆量，腰围线处固定，观察摆量的平衡，贴出侧缝线，修剪多余的布料（图4-76、图4-77）。

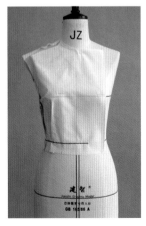  

图4-75　　　　　　　　图4-76　　　　　　　　图4-77

⑫后裙片做法与前裙片相同，在腰部打剪口，逐渐旋转布料，依次完成后裙片3个摆量的制作（图4-78）。

⑬观察前后片摆量的平衡，控制摆量幅度大小，裙型呈A型轮廓，在侧缝处用重叠针法别合前后裙片（图4-79）。

⑭制作衣领。沿新的领围线贴标记线，领布后中心线和水平线对准后衣身中心线和领围线，中心线左右3cm处水平别上大头针（图4-80）。

图4-78　　　　　　图4-79　　　　　　图4-80

⑮领围线下方布料向上移动折出领座，领座高度为1～1.5cm，中心线对齐，用大头针固定布料。后领围留够缝份量后，打开剪口至侧颈位置处（图4-81）。

⑯沿领围线粗裁去多余的布料，调整布料从后肩贴合至前胸，领座由后向前延伸，逐渐变小，观察领座形状，固定领布（图4-82）。

⑰沿领围线边缘固定布料，观察领型平衡，确定领的外围形状（图4-83）。

图4-81　　　　　　图4-82　　　　　　图4-83

（2）点位。

标记领围线、肩点、胸宽点、背宽点、腋点、腰围线、前门襟线，标记侧缝线上的对位点。确定裙长，标记出前短后长的裙摆。

（3）画板。

分别画出领、上衣、裙子的板型，用大头针别合成型，重新固定在人台上。在人台上固定布手臂（图4-84）。

图4-84

2. 衣袖

（1）别样。

①袖片中心线对准肩点，使布丝竖直向下，在布手臂上端固定，在胸宽位置，布料折出转折面作为前袖的松量，在衣片胸宽点固定，在背宽位置同样做出后袖的松量，在背宽点固定，观察袖的基本轮廓（图4-85）。

②固定肩点，在前宽点和后宽点，打开剪口，修剪余布，将肩部的余量进行收褶处理，此处为袖山的吃势量，沿袖窿线用大头针固定（图4-86）。

③将前袖向里推移，形成筒状，在袖底、袖中和袖口固定。在袖中线外侧打剪口，将布料向里推移，重新固定袖中，理顺布料（图4-87、图4-88）。

④将后袖向里推移，形成袖筒，在袖底固定，袖口内侧布料，以袖肘为中心，向上旋转，使袖口变小些，袖口大小的设定，需预留制作袖克夫时袖口的两个褶量，固定袖口，布料在袖肘内侧部位形成一定的余量，可做吃势处理，用大头针固定，贴出袖中缝标记线（图4-89、图4-90）。

图4-85　　　　　　　　图4-86　　　　　　　　图4-87

图4-88　　　　　　　　图4-89　　　　　　　　图4-90

（2）点位。

在袖窿处点位，裙定袖长。

（3）画板。

参考衣身袖窿形状，画出袖子的板型（图4-91）。

（4）修正完善。

①将袖子别合成型，在袖筒内侧从袖底开始沿前后袖窿用针固定，从前宽和背宽开始在外侧沿袖窿线固定，在肩部用大头针均匀分配吃势量（图4-92）。

②袖口处捏出两个褶裥，做出袖克夫，裙定纽扣和开衩位置（图4-93）。

图4-91　　　　　　　　　　　　图4-92　　　　图4-93

3. 审视、检验

用大头针将服装别合成型，重新固定在人台上，观察连衣裙的形态（图4-94～图4-96）。

图4-94   图4-95   图4-96

五、板型结构图

板型结构图如图4-97所示。在上衣腰部设置省道，裙身为无省的小摆裙设计，通过腰部分割线处理，达到收腰合体效果，突出女性曲线美。

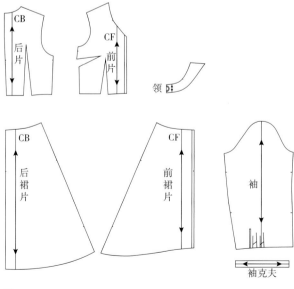

图4-97

思考与练习

1. 在连衣裙立裁中，如何运用分割线设计，来达到合体和宽松的造型变化？

2. 理解吃势的形成以及立裁的处理方法？

3. 选取一块布料，在人台上练习不同褶裥的变化，体会褶裥的方向、大小和长短的变化对服装款式的影响。

4. 衣袖的立裁基本步骤和方法是什么？

5. 搜集成衣女装中连衣裙的款式图片，分组整理，并对其进行结构分析。

6. 完成1款连衣裙的立体裁剪练习。

衬衫立体裁剪

第五章

课题名称： 衬衫立体裁剪

课题内容： 1. 基础衬衫

2. 宽松衬衫

3. 无领灯笼袖衬衫

4. 立领休闲衬衫

课题时间： 12课时

教学目的： 使学生了解衬衫的款式特征，分析不同种类衬衫的款式变化和结构特征，掌握衬衫立体裁剪的基本步骤和操作方法。

教学方式： 理论讲解、示范教学。

教学要求： 1. 了解衬衫的款式特点，掌握衬衫立体裁剪的基本步骤和方法。

2. 了解宽松衬衫的形态特征，掌握宽松衬衫衣身松量的加放方法。

3. 掌握衬衫落肩衣身的处理方法。

4. 掌握衬衫领的立裁基本步骤和方法，结合不同领型的设计，进行灵活运用，能够处理领与衣身的衔接关系。

5. 掌握衬衫袖的立裁基本步骤和方法，针对不同袖型特征，能够处理衬衫袖与衣身的衔接关系。

课前准备： 1. 人台款式线粘贴。

2. 坯布的裁剪和熨烫。

3. 布手臂及立裁所需工具。

第一节 基础衬衫

一、款式结构分析

通过腰省处理，塑造收腰合体轮廓造型的女式衬衫。基础衬衫干练翻领，带有袖克夫的合体袖，诠释都市职场女性风格（图5-1）。基础衬衫可搭配外套、裤装、直筒裙，作为内搭或外穿，是职业女性必备单品。

二、人台准备

在人台上贴出所需标记线，平行于前中线贴出门襟线，确定衬衫底边位置，确定前后腰省位置，并贴出领子的造型（图5-2、图5-3）。

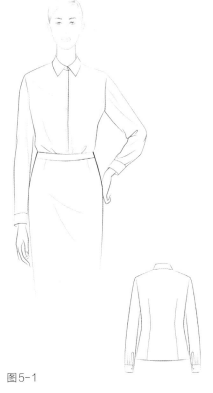

图5-1

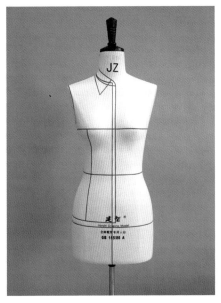

图5-2

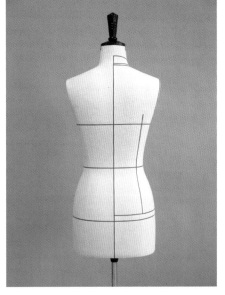

图5-3

三、坯布准备

准备坯布，如图5-4所示。

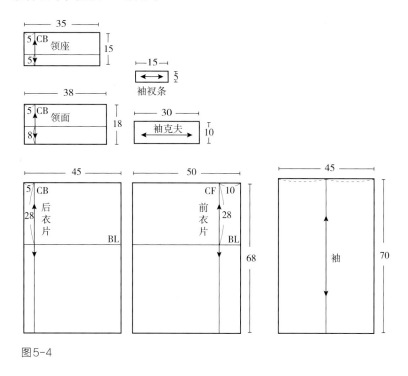

图5-4

四、立裁操作步骤与方法

1. 衣身与衣领

（1）别样。

①前衣身中心线对准人台中心线，使胸围线对准人台胸围线，确认是否竖直、水平，固定布料，在颈前中心处打剪口（图5-5）。

②从BP点以上，布丝竖直向上，整理领围线，确认领围松量，在颈侧处用大头针固定。肩端点与BP点之间自然地融成一体，胸围线方向可做出一点松量，在胸围线处固定（图5-6）。

③侧面布料自然地往下捋，在腰线处打一剪口，腰间留有一定的空间松量，侧面的布向后捋，分别在侧缝外固定，臀围线附近用大头针固定，胸省量移向下摆、胸围线，呈倾斜状（图5-7）。

④检查构成省道的位置、方向。腰围线处捏合收省，预留腰围的空间松量，用抓合针法固定，确定省尖位，沿上部方向用大头针固定。在臀围线上考

虑保留一些松量，剩余的量捏出省道，一直到腰围线，用大头针固定。因为这个省道是作为设计线而设置的，应充分确认其位置、方向及省尖位的平衡。将省剪开，腰间打剪口（图5-8）。

　　⑤剪去肩部、袖窿、侧缝处的余布，将侧缝附近的布向前翻折，轻轻地用大头针固定（图5-9）。

　　⑥后衣片中心线对准人台中心线，使肩胛骨部位布丝保持水平，确认垂直、水平后，在后颈点，背宽部位固定布料，肩胛骨下方布丝保持垂直向下，贴合人台捋顺布料，后腰中心处布料自然稍稍向左偏移，在后腰中心处固定（图5-10）。

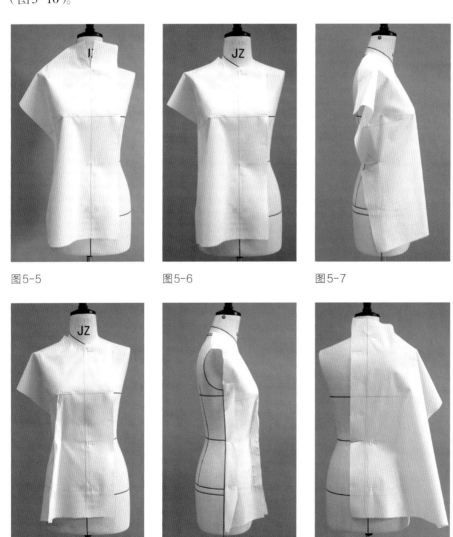

图5-5　　　　　　　　图5-6　　　　　　　　图5-7

图5-8　　　　　　　　图5-9　　　　　　　　图5-10

⑦胸围线保持水平，初步调整出后腰的省量，后背宽处放入松量，在侧缝处固定。视线转移至腰间，检查腰部吸腰量，腰间打剪口，预留松量，在侧缝处固定。调整臀围松量，在侧缝处固定（图5-11、图5-12）。

⑧在腰部留有一定的松量后，将多余的量进行收省，用抓合针法固定，分别从腰间向两侧别合（图5-13）。

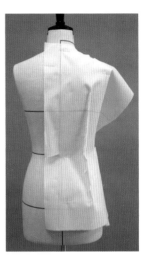

图5-11　　　　　　　图5-12　　　　　　　图5-13

⑨向侧颈点方向，整理领围线，领围留有一定松量后，在侧颈点固定。将肩胛骨的省量均匀地分配在肩线上，重叠别合肩线。剪去肩部、袖窿处多余的布料。

⑩合前后侧缝。侧缝线处布料向后翻折，将前后片用抓合针法固定，剪去多余的布料。确认三围线处布料的松量（图5-14）。

⑪重新贴出领围线（图5-15）。

⑫做领座。布料中心线与后衣片中心线对准，装领线的参考线与领围线水平对准。中心处用重叠针法水平固定，并在离中心2.5cm位置上也水平固定。一边在领底的缝份上打剪口，一边使布料与颈部吻合，一直到侧颈点（图5-16）。

图5-14

⑬布料向前转动贴合于颈部，在领围线外侧打剪口，水平参考线与领围

线对准，同时颈部周围留有一定的松量，前颈处参考线向下偏移，确定领座形态后，沿领底线用大头针固定（图5-17、图5-18）。

⑭剪去领底多余的布，用铅笔标记领围线和领座外形线（图5-19）。

⑮画出领座的板型，用粘带贴出领座造型，重新安装在衣身上（图5-20）。

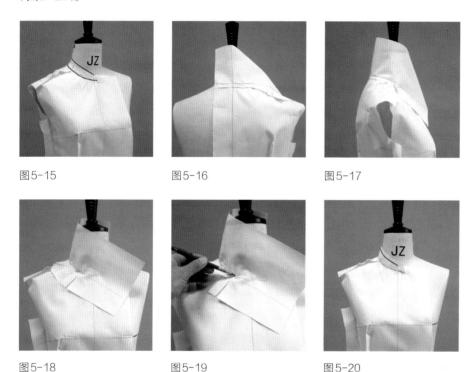

图5-15　　　　　　　　图5-16　　　　　　　　图5-17

图5-18　　　　　　　　图5-19　　　　　　　　图5-20

⑯在领座后中心线上将翻领的后中心线与之对齐，在领座上将翻领装领线的标志线水平对准，离中心线3cm处用重叠针法固定，在参考线下方打剪口至侧颈处（图5-21）。

⑰在后中心上确定翻领宽度，水平用大头针固定。翻领宽要确保看不到领座装领线，将缝份翻起倒向外侧，用大头针固定，将翻领布转到前面（图5-22）。

⑱一边确定翻领与侧颈部的空间量，一边移动翻领下面的底布，调整形成翻领造型，在领座前中心处固定（图5-23）。

⑲将翻领翻起来，在装领线外打剪口，使布料贴合于领座，沿装领线固定大头针（图5-24）。

⑳将翻领翻折成完成形态，用粘带贴出领子造型（图5-25）。

（2）点位。

在肩点、袖窿底作出记号，标记三围线对位点、省的对位点，标记下摆位置（图5-26）。

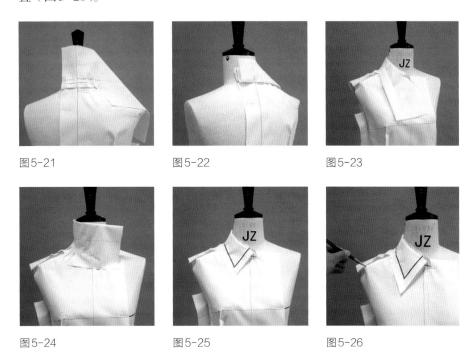

图5-21　　　　　　　　　　图5-22　　　　　　　　　　图5-23

图5-24　　　　　　　　　　图5-25　　　　　　　　　　图5-26

（3）画板。

分别画出领、上衣的板型，用大头针别合成型，重新固定在人台上，在人台上固定布手臂（图5-27）。

2. 衣袖

（1）别样。

①袖片中心线对准肩点，使布丝竖直向下，在布手臂上端固定，在胸宽位置，布料折出转折面，作为前袖的松量，在衣身胸宽点处固定，在背宽位置同样做出后袖的松量，在衣身背宽点处固定，观察袖的基本轮廓（图5-28）。

②固定肩点，在前宽点和后宽点，打开剪口，修剪余布，将肩部的余量进行收褶处理，此处为袖山的吃势量，沿袖窿线用大头针固定（图5-29）。

③将前袖片推向后面，形成筒状，在袖底、袖中和袖口固定，在袖中线外侧打剪口，将布料向里推移，重新固定袖中，理顺布料（图5-30）。

④将后袖片推向前面，形成袖筒，在袖底固定，袖口内侧布料，以袖肘为中心，向上旋转，使袖口变小些，袖口尺寸是手腕围尺寸加上8cm松量，剩下的分在两个褶量中，固定袖口，使布料在袖肘部位形成一定的余量，做吃势处理，用大头针固定，贴出袖中缝标记线（图5-31、图5-32）。

图5-27

图5-28

图5-29

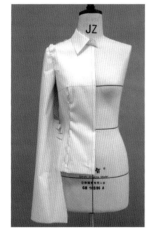

图5-30

图5-31

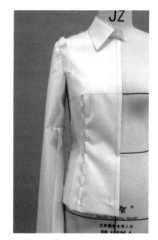

图5-32

（2）点位、画板。

在袖窿处点位，确定袖长。通过衣身袖窿形状，拷贝出袖山造型，画出袖子的板型。

（3）修正完善。

①将袖子别合成型，在袖筒内侧从袖底开始沿前后袖窿用针固定，外侧沿袖窿线固定，在肩部均匀分配吃势量（图5-33）。

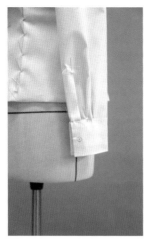

图 5-33　　　　　　　　图 5-34

②在后袖侧面装上袖衩条。褶裥向前袖侧方向倒，纵向用大头针固定。确认袖衩条位置、褶裥位置的平衡。将袖克夫按照成型形态折好，并装在袖口处（图 5-34）。

3. 审视、检验

用大头针将服装别合成型，重新固定在人台上，观察衬衫的形态（图 5-35~图 5-37）。

五、板型结构图

板型结构图如图 5-38 所示。在胸围、腰围和下摆处都放入了活动松量，同时保持合体收腰效果。前片的胸省量转移到腰省，使前侧倾斜，布料的纱向发生了变化，后片的肩省在领围、肩线上进行了分配。

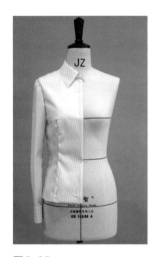

图 5-35　　　　　　　　图 5-36

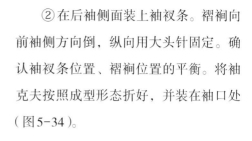
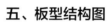
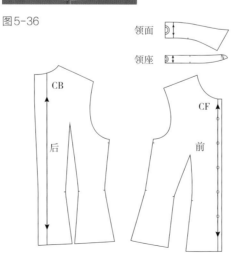
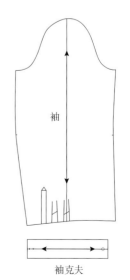

图 5-37　　　　　　　　图 5-38

第二节 宽松衬衫

一、款式结构分析

宽松衬衫衣身松量较大，落肩袖，有翻领、育克等男衬衫款式细节。根据衬衫局部细节的变化，还可设计出多种款式（图5-39）。

宽松衬衫衣身采用无省设计，注意前片胸省量的分配。衣身宽松量与落肩量调整，袖山的高度和袖肥的大小相互关联，这些都是立体裁剪的重点。

二、人台准备

在人台上贴出所需标记线，如门襟线、衬衫底边线、衣领造型线、育克线及落肩参考线等（图5-40～图5-42）。

图5-39

图5-40

图5-41

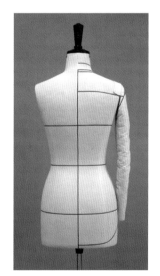

图5-42

三、坯布准备

准备坯布，如图5-43所示。

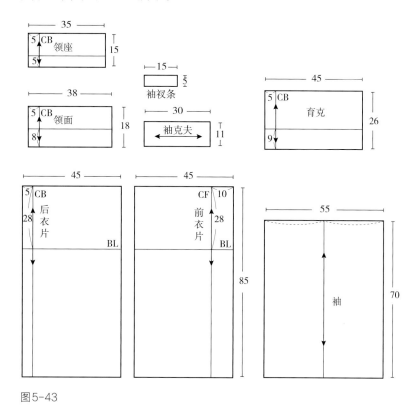

图5-43

四、立裁操作步骤与方法

1. 衣身与衣领

（1）别样。

①衣身前中心线对准人台前中心线，使胸围线对准人台胸围线，并确保垂直、水平。在领围中心线打剪口（图5-44）。

②从BP点开始，其上部丝缕放正，在前中线处可偏移一点量，分配胸省量，领围线处留一些松量，整理领围线，用大头针在侧颈位置固定（图5-45）。

③保持胸部标志线水平，前胸宽处加入足够松量做出一个转折面，依靠肩点支撑，使衣身呈现箱型轮廓，观察调整衣身造型，在肩点、侧面胸围线处固定。

④确定落肩量。用剪刀在胸围线位置打一个剪口，剪至接近袖窿线位置，将衣身布料推向手臂内侧。观察落肩的形态，调整确定布料与手臂之间的松量，在手臂上端固定。贴出袖窿线和肩线（图5-46）。

⑤在臀围线位置，检查做成箱型造型的面中是否有足够的松量，在侧缝线处固定，修剪后向前翻折。

⑥后衣身中心线对准人台后中心线并垂直于地面，衣身上的胸围线保持水平，在后衣身中心育克线位置做出褶裥，用大头针固定（图5-47）。

⑦保持背宽布丝水平，做出后背宽松量，整理成箱型造型，袖窿处打剪口，将衣身布料推向手臂内侧，在腋下处固定。

⑧调整落肩量，观察落肩的形态，调整确定布料与手臂之间的松量，重叠固定前后肩线，修剪领围余布（图5-48）。

⑨确认臀部松量，侧缝位置固定，修剪后向后翻折。

⑩用标记线贴出育克和袖窿位置，确定袖窿底，用大头针别合前后侧缝（图5-49）。

⑪育克的中心线与人台中线对准，育克线水平重叠后固定，育克覆盖衣身上面，与衣身重叠一致，做出转折面，贴合于落肩袖，在肩点固定（图5-50）。

⑫后领围留一定的松量，整理后领围线，在侧颈位置固定，沿肩线重叠固定前后片（图5-51）。

⑬重新贴出领围线（图5-52）。

图5-44　　　　　　　　图5-45

图5-46　　　　　　　　图5-47

图5-48　　　　　　　　图5-49

图5-50

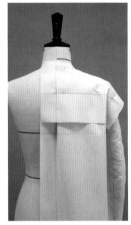
图5-51

图5-52

图5-53

图5-54

图5-55

图5-56

图5-57

⑭ 做领座。布料中心线与后衣片中心线对准，使装领线的参考线与领围线水平对准。中心处用重叠针法水平固定，并在离中心2.5cm位置水平固定。一边在领底的缝份上打剪口，一边使布料与颈部吻合，一直到侧颈点（图5-53、图5-54）。

⑮ 布料向前转动贴合于颈部，在领围线外侧打剪口，水平参考线与领围线对准，同时颈部周围留有一定的松量，前颈处参考线向下偏移，确定领座形态后，沿领底线用大头针固定（图5-55）。

⑯ 剪去领底多余的布料，用铅笔标记领围线和领座外形线。画出领座的板型，用胶带贴出领座造型，重新安装在衣身上。

⑰ 将翻领的后中心线与领座后中心线对齐，在领座上将翻领装领线的标志线水平对准，离中心线3cm处用重叠针法固定，在参考线下方打剪口至侧颈处（图5-56、图5-57）。

⑱ 在后中心上确定翻领宽度，水平用大头针固定。翻领宽要确保看不到领座装领线，将缝份翻起倒向外侧，用大头针固定，将翻领布转到前面（图5-58）。

⑲ 一边确定翻领与侧颈部的空间量，一边移动翻领下面的底布，调整形成翻领造型，在领座前中心处固定（图5-59）。

⑳ 将翻领翻起来，在装领线外打剪口，使布料贴合于领座，沿装领线固定大头针（图5-60）。

㉑ 将翻领翻折成完成形态，用粘带贴出领子造型（图5-61）。

图5-58

图5-59

图5-60

图5-61

（2）点位。

在领底线、袖窿线上作出记号，标记三围线对位点，标记下摆位置。

（3）画板。

分别画出衣领、上衣的板型，用大头针别合成型，衣身的侧缝线前压后固定。

（4）修正、完善。

①有领座的衬衫领，首先将领座的领底缝份往里折，然后翻折翻领四周缝份，整理成型。翻领的装领线对位记号对准，覆在领座上，用大头针固定。领座的装领线与衣身领围线的对位记号对准，用大头针固定。

②前门襟按成型形态折好，确定纽扣的位置。

2. 衣袖

（1）别样。

①在人台上固定布手臂（图5-62）。

②袖片中心线对准肩点，在衣身落肩肩点固定，使布丝竖直向下（图5-63）。

③为了使袖片获得更好的活动量，将手臂抬起，与人台形成一定的角度，观察布料与衣身的衔接关系（图5-64）。

④保持手臂抬起状态，

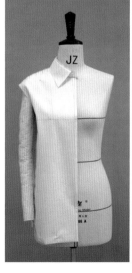

图5-62

图5-63

在前胸宽位置打剪口，剪至接近胸窿线位置，从肩点开始沿大头针固定至前胸宽点，在后背宽位置打剪口，剪至接近胸窿线位置，从肩点开始沿大头针固定至背宽点，在胸窿线外打剪口，修剪余布（图5-65）。

⑤确定袖口宽度，袖口的尺寸包括腕围、腕围的活动量以及袖克夫上的一个褶裥量，用大头针将前后袖片重叠固定。观察腋点位置，调整袖肥量，用大头针在臂根处预别。从袖口用大头针一直别向臂根（图5-66）。

图5-64　　　　　　　　　图5-65　　　　　　　　　图5-66

（2）点位。

放下手臂，用铅笔在袖窿处作标记。

（3）画板。

①在人台上将袖片和衣身一起取下，整理平整。

②袖片从肩端点开始，与衣身形成角度，量出袖长（除去袖克夫宽）。定出袖山高，并在该点作垂线，该垂线即为袖肥标志线。重新确定袖山弧线，在袖肥标志线上得到交点，从交点开始稍稍作出弧线。为了符合手臂方向性，弧度可稍大些，并与大头针点位连接。袖山弧线长度比袖窿弧线长度短0.3cm（装好袖子后，最终缝份倒向衣身，所以袖山弧度尺寸小于袖窿弧线）（图5-67）。

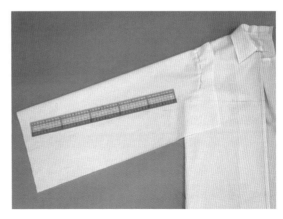

图5-67

③与前袖片一样方法画板，袖山弧线在定位位置附近，比前袖山弧线稍小，用曲线板画出。

（4）修正、完善。

①在袖布上画出袖子的样板，将袖片组装成筒状，袖底缝后压前用大头针别好（图5-68、图5-69）。

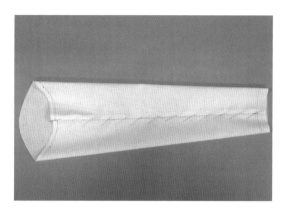

图5-68

②装袖。袖子底部与衣身袖窿底对准，用大头针固定，以装袖线为准，在衣身的前后腋点附近确认袖子的位置，用大头针固定（图5-70）。

③检查袖山高是否合适，修正袖山弧线，以达到最佳效果。

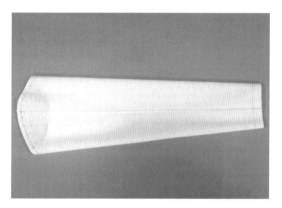

图5-69

④翻折袖山缝份，缝份倒向内侧，袖山点与衣身的肩点位置对准，用大头针别合，袖山上部也用大头针固定。

⑤在后袖侧面装上袖衩条。袖口尺寸是手腕围尺寸加上8cm松量，剩下的分在一个褶裥量中。褶裥倒向后袖，用大头针固定。确认袖衩条位置、褶裥位置的平衡。将袖克夫按成型形态折好，并装在袖口处（图5-71）。

⑥用大头针固定成型。观察是否构成了箱型造型，衣身和衣袖的连接是否顺畅，并进行修正。

3. 审视、检验

用大头针将服装别合成型，重新固定在人台上，观察衬衫的形态（图5-72～图5-74）。

图5-70

图5-71

图 5-72   图 5-73   图 5-74

五、板型结构图

板型结构图如图 5-75 所示。对应衣身肩点的下落，袖窿深加深，袖山变低，袖肥增大，理解衣身和衣袖的关系。

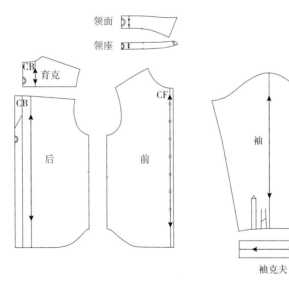

图 5-75

第三节 无领灯笼袖衬衫

一、款式结构分析

无领灯笼袖衬衫衣身为宽松款，无领，落肩结构，采用灯笼袖造型设计，塑造时尚简约风格。本节学习重点在于掌握宽松衣身与落肩的调整方法，理解灯笼袖造型与袖肥的关系（图5-76）。

二、人台准备

在人台上贴出所需标记线，如门襟线、领围线、衬衫底边线、育克线及落肩参考线等（图5-77~图5-79）。

图5-76

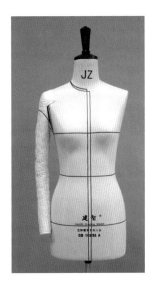

图5-77

图5-78

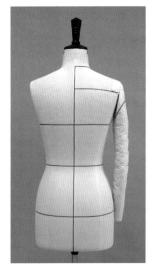

图5-79

三、坯布准备

准备坯布，如图5-80所示。

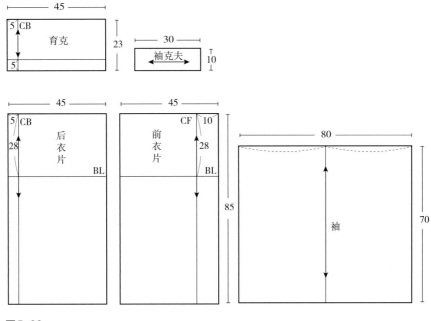

图5-80

四、立裁操作步骤与方法

1. 衣身

（1）别样。

①衣身前中心线对准人台前中心线，使胸围线对准人台胸围线，并确保垂直、水平。在领围中心线打剪口（图5-81）。

②从BP点开始，其上部丝缕放正，在领围线处留一些松量，整理领围线，用大头针在侧颈固定。

③保持胸部标志线水平，在前胸宽处加入足够松量做出一个转折面，依靠肩点支撑，布料自然下垂，使衣身呈现箱型轮廓，侧面胸围参考线稍下移一点，观察调整衣身造型，在肩点、侧面胸围线处固定（图5-82）。

④确定落肩量。用剪刀在胸围线位置打一个剪口，剪至接近袖窿线位置，将衣身布料推向手臂内侧。观察落肩的形态，调整确定布料与布手臂之间的松量，在布手臂上端固定。贴出袖窿线和肩线（图5-83）。

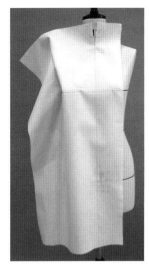
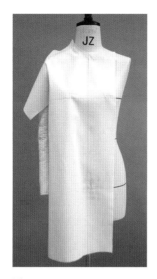
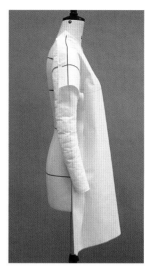

图5-81　　　　　　　　　图5-82　　　　　　　　　图5-83

⑤在臀围线位置，检查做成箱型的面中是否有足够的松量，在侧缝线处固定。

⑥修剪侧缝，向前翻折。

⑦后衣身中心线对准人台后中心线并垂直于地面，使衣身上的胸围线保持水平，用大头针固定。

⑧保持背宽布丝水平，做出后背宽松量，整理成箱型（图5-84）。

⑨调整落肩量，在胸围线处打剪口，剪至接近袖窿处，将衣身布料推向手臂内侧，在腋下处固定。观察落肩的形态，调整确定布料与手臂之间的松量，在手臂上端与前片重叠固定（图5-85）。

⑩确认臀部松量，侧缝位置固定，修剪后，沿侧缝向后翻折。

⑪后领围留一定的松量，整理后领围线，在侧颈位置固定，沿肩线重叠固定前后片。

⑫用标记线贴出育克和袖窿位置，确定袖窿底，合前后侧缝（图5-86、图5-87）。

⑬育克的中心线与人台中线对准，育克线水平重叠后固定，育克覆盖衣身上面，与衣身重叠一致，修剪领围线，做出转折面，贴合于落肩袖，在肩点固定（图5-88、图5-89）。

（2）点位。

标记肩线、领围线、前门襟、下摆线。

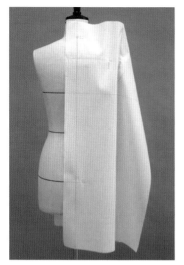

图5-84

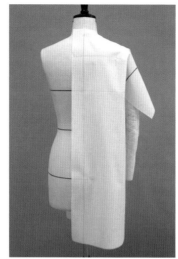

图5-85

图5-86

图5-87

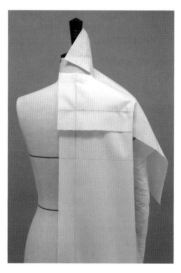

图5-88

图5-89

（3）画板。

完成衣身、育克的板型绘制，别合成型。

2. 衣袖

（1）别样。

①袖片中心线对准肩点，在衣身落肩肩点固定，布丝竖直向下（图5-90）。

②为了使袖片获得更好的活动量，将布手臂抬起，与人台形成一定的角度，观察布料与衣身的衔接关系。

③保持布手臂抬起状态，在前胸宽位置打剪口，剪至接近胸窿线位置，从肩点开始沿大头针固定至衣身前胸宽点，在后背宽位置打剪口，剪至接近胸窿线位置，从肩点开始沿大头针固定至衣身背宽点，胸窿线外打剪口，修剪余布（图5-91）。

④放下手臂，确定袖长位置（包括袖克夫宽度），在袖口依次做收褶处理，保持布丝竖直向下，一边收褶，一边观察袖肥变化，调整灯笼袖的造型，收褶于手腕内侧结束（图5-92）。

⑤再次抬起手臂，用大头针将前后袖片重叠固定。观察腋点位置，调整袖肥量，用大头针在臂根处预别。保持灯笼袖形态，从袖口用大头针一直别向臂根，修剪余布（图5-93）。

（2）点位。

放下布手臂，用铅笔在袖窿处、袖口处作标记。

（3）画板。

①取下袖口大头针，将衣身和袖片整理平整。袖片与衣身形成一定角度。定出袖山高与袖肥标志线。重新确定袖山弧线，在袖肥标志线上得到交点，从交点开始稍稍作出弧线，为了符合手臂方向性，弧度可稍大些，并与袖山大头针点位连接。袖山弧线长度比袖窿弧线长度短0.3cm（图5-94）。

②与前袖片一样方法画样板，袖山弧线在定位位置附近，比前袖山弧线稍小，用曲线板画出。袖口处连接点位，呈曲线形状。

③在袖布上画出袖子的样板，组装袖片，

图5-90　　　　　图5-91

图5-92　　　　　图5-93

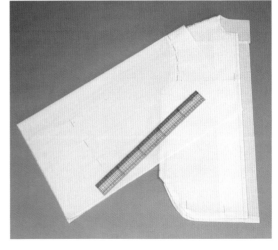

图5-94

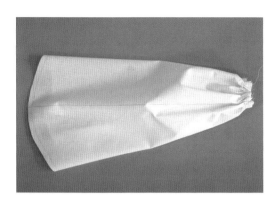

图5-95

图5-96

图5-97

袖底缝后压前用大头针别好，袖口用针线进行缩缝抽褶处理（图5-95）。

（4）修正、完善。

①装袖。袖子底部与衣身袖窿底对准，用大头针固定，以装袖线为准，在衣身的前后腋点附近确认袖子的位置，用大头针固定。检查袖山高是否合适，修正袖山弧线（图5-96）。

②翻折袖山缝份，缝份倒向内侧，袖山点与衣身的肩点位置对准，沿袖山线用大头针固定。

③预留腕围松量，将袖克夫按成型形态折好，并装在袖口处（图5-97）。

④用大头针固定成型。观察灯笼袖与衣身的整体平衡，并进行修正。

3. 审视、检验

用大头针将服装别合成型，重新固定在人台上，观察衬衫的形态（图5-98～图5-100）。

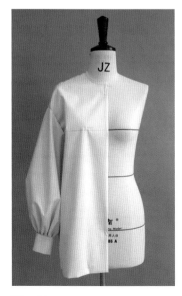

图5-98

图5-99

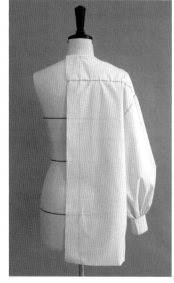

图5-100

五、板型结构图

板型结构图如图5-101所示。理解衣身宽松量、袖肥量的调整方法，袖口处需足够的尺寸，才能达到灯笼袖的造型要求。

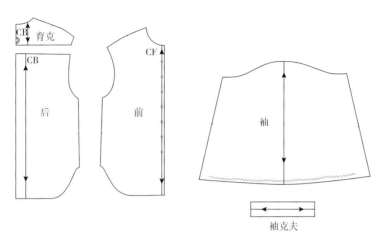

图5-101

第四节 立领休闲衬衫

一、款式结构分析

立领休闲衬衫衣身为宽松造型，立领，落肩结构，通过阔袖、宽袖克夫、长开衩条、后背育克线上移、前片复古分割等细节设计，塑造时尚休闲风格（图5-102）。本节学习重点为理解宽阔袖造型结构与衣身的关系。

二、人台准备

在人台上贴出所需标记线，如门襟线、前胸分割线、育克线和领型线（图5-103、图5-104）。

图5-102

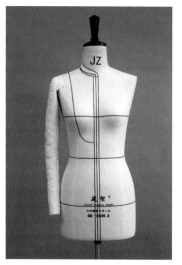

图5-103 图5-104

三、坯布准备

准备坯布，如图5-105所示。

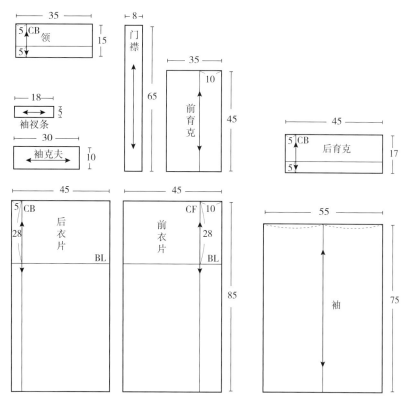

图5-105

四、立裁操作步骤与方法

1. 衣身与衣领

（1）别样。

①衣身前中心线对准人台前中心线，胸围线对准人台胸围线，并确保垂直、水平。领围中心线打剪口（图5-106）。

②保持胸部标志线水平，在前胸宽处加入足够松量作出一个转折面，依靠肩点支撑，布料自然下垂，使衣身呈现箱型轮廓，侧面胸围参考线稍下移一点，观察调整衣身造型，在侧面胸围线处固定。

③从BP点开始，其上部丝缕放正，领围线处留一些松量，整理领围线，修剪余布，用大头针在侧颈固定。整理肩部，在肩点固定（图5-107）。

④在确定落肩量。用剪刀在胸围线位置打一个剪口，剪至接近袖窿线位置，将衣身布料推向手臂内侧。观察落肩的形态，调整确定布料与手臂之间的松量，在手臂上端固定。在人台上贴出袖窿线和肩线（图5-108）。

  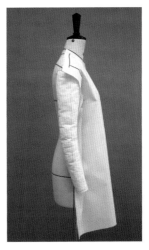

图5-106　　　　　　　图5-107　　　　　　　图5-108

⑤在臀围线位置，检查作成箱型形状的面中是否有足够的松量，在侧缝线处固定。修剪侧缝，向前翻折（图5-109）。

⑥后衣身中心线对准人台后中心线并垂直于地面，衣身上的胸围线保持水平，用大头针固定。

⑦保持背宽布丝水平，做出后背宽松量，整理成箱型，侧缝处用大头针临时固定（图5-110）。

⑧调整落肩量，胸围线处打剪口，剪至接近袖窿处，将衣身布料推向手臂内侧，在腋下处固定。观察落肩的形态，调整确定布料与布手臂之间的松量，在布手臂上端与前片重叠固定（图5-111）。

⑨后领围留一定的松量，整理后领围线，在侧颈位置固定，沿肩线重叠固定前后片。用标记线贴出育克和袖窿位置，确定袖窿底，为获得足够的袖肥，袖窿底设置在胸围线以下5～6cm处（图5-112）。

⑩确认臀部松量，侧缝位置用大头针固定，修剪后，沿侧缝向后翻折，合前后侧缝（图5-113）。

⑪育克的中心线与人台中心线对准，育克线水平重叠后固定，育克覆盖衣身上面，与衣身重叠一致。在肩部同样做出转折面，贴合于落肩袖，用大头针在肩点固定。修剪领围线，沿肩线与衣身重叠固定（图5-114、图5-115）。

图5-109

图5-110

图5-111

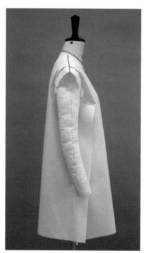

图5-112

图5-113

⑫修剪肩线余布，在人台上重新贴出领围标记线（图5-116）。

图5-114   图5-115   图5-116

⑬做立领。布料中心线与后衣片中心线对准，装领线的参考线与领围线水平对准。中心处用重叠针法水平固定，并在离中心2.5cm位置上也水平固定。一边在领底的缝份上打剪口，一边使布料与颈部吻合，一直到侧颈点（图5-117、图5-118）。

⑭布料向前转动贴合于颈部，在领围线外侧打剪口，水平参考线与领围线对准，同时颈周围留有一定的松量，前颈处参考线向下偏移，确定立领形态后，沿领底线用大头针固定。剪去领底多余的布，重新贴出领型线（图5-119）。

 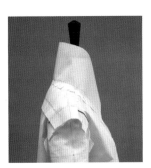 

图5-117   图5-118   图5-119

（2）点位。

标记肩线、领围线、前门襟、前片分割线条，确定下摆形状。

（3）画板。

完成领型、衣身、育克的版型绘制，拷贝前片分割裁片、门襟裁片，确定纽扣位置，别合成型（图5-120）。

图5-120

图5-121

图5-122

图5-123

2. 衣袖

（1）别样。

①袖片中心线对准肩点，在衣身落肩肩点固定，布丝竖直向下（图5-121）。

②为了使袖片获得更好的活动量，将布手臂抬起，与人台形成一定的角度，观察布料与衣身的衔接关系。

③保持布手臂抬起状态，在前胸宽位置打剪口，剪至接近胸窿线位置，从肩点开始沿大头针固定至衣身前胸宽点，在后背宽位置打剪口，剪至接近胸窿线位置，从肩点开始沿大头针固定至衣身背宽点，胸窿线外打剪口，修剪余布（图5-122）。

④确定袖长，包括袖克夫宽度。

⑤确定袖口宽度，袖口的尺寸包括腕围、腕围的活动量以及袖克夫上的两个褶裥量，用大头针将前后袖片重叠固定。观察腋点位置，调整袖肥量，用大头针在臂根处预别。从袖口用大头针一直别向臂根（图5-123）。

（2）点位。

放下布手臂，用铅笔在袖窿处作标记。

（3）画板。

①在人台上将袖片和衣身一起取下，整理平整。

②袖片从肩端点开始，与衣身形成角度，量出袖长（除去袖克夫宽）。为获取更宽松的阔袖造型，需降低袖山高，增加袖肥量。定出袖山高，并在该点作垂线，该垂线即为袖肥标志线。重新确定袖山弧线，在袖肥标志线上得到交点，从交点开始稍稍作出弧线，为了符合手臂方向性，弧度可稍大些，并与大头针点位连接。袖山弧线长度比袖窿弧线长度短0.3cm（装好袖子后，最终缝份倒向衣身，所以袖山弧度尺寸小于袖窿弧线）（图5-124）。

③与前袖片一样方法画样板，袖山弧线在定位位置附近，比前袖山弧线

稍小，用曲线板画出。

④在袖布上画出袖子的样板，组装袖片，袖底缝后压前用大头针别好。

（4）修正、完善。

①装袖。袖子底部与衣身袖窿底对准，用大头针固定，以装袖线为准，在衣身的前后腋点附近确认袖子的位置，用大头针固定（图5-125）。

②检查袖山高是否合适，修正袖山弧线。

③翻折袖山缝份，缝份倒向内侧，袖山点与衣身的肩点位置对准，沿袖山线用大头针固定。

图5-124

④在后袖侧面装上袖衩条。袖口尺寸是手腕围尺寸加上腕围松量，再加两个褶裥量。褶裥倒向后袖，用大头针固定。确认袖开衩条位置、褶裥位置的平衡（图5-126）。

⑤将袖克夫按成型形态折好，并装在袖口处。

⑥观察衣袖与衣身的整体平衡，并进行修正。

图5-125

图5-126

3. 审视、检验

用大头针将服装别合成型，重新固定在人台上，观察衬衫的形态（图5-127～图5-129）。

五、板型结构图

板型结构图如图5-130所示。为获取更为宽松的阔袖造型，需降低袖山高，增加袖肥量。

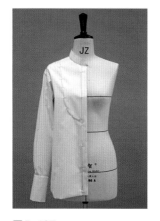
图5-127

图5-128

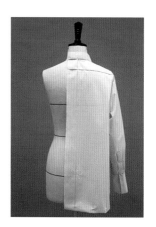
图5-129

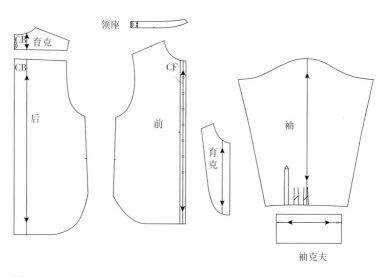
图5-130

思考与练习

1. 在衬衫立裁中，针对无省衣身，如何塑造宽松衣身造型？

2. 衬衫领立裁的基本步骤和方法是什么？

3. 落肩袖、灯笼袖的立裁基本步骤和方法是什么？

4. 选取一块布料，针对宽松衬衫，在人台上练习宽松衣身的不同处理变化，掌握省的分配原理。

5. 搜集成衣女装中衬衫的款式图片，分组整理，并对其进行款式结构分析。

6. 完成1款衬衫的立体裁剪练习。

套装上衣立体裁剪

第六章

课题名称： 套装上衣立体裁剪

课题内容： 1. 基础套装上衣

2. 西装领套装上衣

3. 戗驳领西装上衣

4. 连肩袖休闲西装上衣

课题时间： 12课时

教学目的： 使学生了解套装上衣的款式特征、分析不同种类套装上衣的款式变化和结构特征，掌握套装上衣立体裁剪的基本步骤和操作方法。

教学方式： 理论讲解、示范教学。

教学要求： 1. 了解套装的款式特点，掌握套装上衣立体裁剪的基本步骤和方法。

2. 了解套装的形态种类和特征，结合不同结构线的分割设计，掌握套装上衣衣身合体与宽松的处理方法。

3. 掌握西装领的立裁基本步骤和方法，结合不同领型的设计，进行灵活运用，能够处理衣领与衣身的衔接关系。

4. 掌握套装衣袖的立裁基本步骤和方法，针对不同袖型特征，能够处理衣袖与衣身的衔接关系。

课前准备： 1. 人台款式线粘贴。

2. 坯布的裁剪和熨烫。

3. 布手臂、垫肩及立裁所需工具。

第一节 基础套装上衣

一、款式结构分析

基础套装上衣的衣身由刀背分割线构成的，单排扣，无领，一片袖，腰部收腰，衣长较短，整体设计风格呈现香奈儿套装特征（图6-1）。

二、人台准备

在人台上贴出所需标记线，如门襟线、领围线、底边线等，刀背分割线偏离BP点，根据造型要求，腰线下移，重新贴出标记线（图6-2、图6-3）。

三、坯布准备

根据套装的尺寸和面料的差异性进行选择。这里选用厚面料做外套来估算。要考虑穿毛衣、衬衫以及裙子和裤子等常用搭配服装的厚度，加入松量（图6-4）。

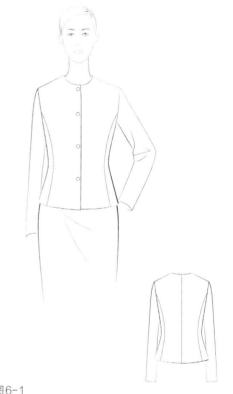

图6-1

四、立裁操作步骤与方法

1. 衣身

（1）别样。

①前衣身中心线对准人台的中心线，胸围线水平对准，用大头针固定。前颈点稍上方处打剪口（图6-5）。

②前中心线向外侧偏移一点量，以减少胸围处的吃势量，重新固定。领围线处留出覆盖锁骨所需的松量、裁去领围处多余的布，放不平处打上剪口，整理领围与肩部，用大头针固定（图6-6）。

③前胸处布料倒向侧面，做出转折面，胸围线处留一点松量，用大头针

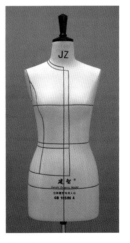

图6-2

图6-3

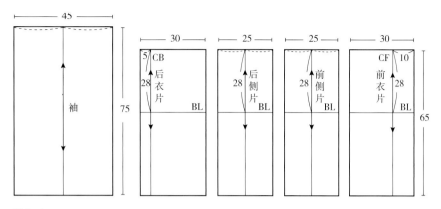

图6-4

在侧面固定。

④在腰间刀背分割线处别一根大头针作标记，在新确定的腰围线水平方向打一剪口至距分割线1cm处，在腰线处预留活动松量，调整下摆空间量，在分割线外侧固定大头针。

⑤腰围线以上预留活动松量，在分割线外侧固定，胸围线位置处临时收省固定。

⑥在布料上重新贴出刀背分割线，修剪多余布料（图6-7）。

图6-5

图6-6

图6-7

⑦前侧中心线对准人台前侧中心区域，保持布丝垂直向下，胸围线水平，用大头针固定（图6-8）。

⑧在腰围线位置处打剪口至分割线1cm处，调整腰部和下摆的活动松量，在分割线外侧临时固定，整理布料，与前片贴合一致，观察衣服的造型（图6-9）。

⑨沿刀背分割线重叠固定前片与前侧片（图6-10）。

图6-8 　　　　　　　图6-9 　　　　　　　图6-10

⑩在侧缝腰围线位置同样打剪口，调整腰部和下摆松量，用大头针固定（图6-11）。

⑪修剪整理侧缝，向前翻折后固定（图6-12）。

⑫后衣片中心线对准人台中心线，在后颈点固定，背宽部位布丝保持水平后，用大头针固定布料（图6-13）。

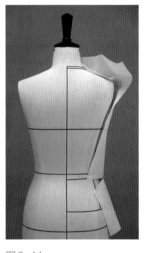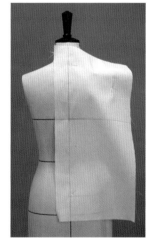

图6-11 　　　　　　　图6-12 　　　　　　　图6-13

⑬在肩胛骨下方，用大头针在后背竖直向下划一下，观察布丝方向，布丝保持垂直向下，这时在后腰中心，布料会向左偏移一定的量，在腰围线处打剪口，用大头针固定布料，再将布丝垂直向下，臀围线处固定。

图6-14

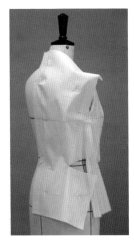

图6-15

图6-16

图6-17

图6-18

图6-19

⑭后颈点位置，布料向左偏移一点，以分配肩胛骨省量，后中线背宽处会产生吃势量（图6-14）。

⑮在腰围线处打开剪口至分割线1cm处，调整腰部和下摆的活动松量，用大头针固定布料，在胸围线处布料倒向侧面，做出转折面，此处人体活动量较大，所以预留的活动松量要多些，在侧面固定，袖窿处多余量向下转移，在侧面形成一定的省量，用大头针做临时固定。观察调整后片衣身形态，重新贴出刀背分割线（图6-15、图6-16）。

⑯整理领围，后领处留一点松量，在侧颈固定，重叠别合前后肩线（图6-17）。

⑰后侧中心线对准人台后侧中心区域，保持布丝垂直向下，胸围线水平，用大头针固定。

⑱在腰围线位置处打剪口至分割线1cm处，调整腰部和下摆的活动松量，在分割线外侧临时固定，整理布料，与后片贴合一致。

⑲在侧缝腰围线位置同样打剪口，调整腰部和下摆松量，用大头针固定（图6-18）。

⑳沿刀背分割线重叠，用大头针固定后片与后侧片（图6-19）。

㉑修剪整理侧缝，向后翻折固定。别合前后侧缝，在胸围和下摆处可适量增加活动松量，重新别合（图6-20）。

（2）点位。

标记领围线、肩线、底边线、门襟线，在三围线、分割线上标记对位点。

（3）画板。

①完成衣身的板型绘制，袖窿处可用曲线板画图。

②别合成型，观察衣身形态。固定布手臂（图6-21）。

2. 衣袖

（1）别样。

①袖片中心线对准肩点，布丝竖直向下，在布手臂上端固定，在胸宽位置，向前折出转折面作为前袖的松量，在衣身胸宽点处固定，在背宽位置同样做出后袖的松量，在衣身背宽点处固定，观察袖的基本轮廓（图6-22）。

②在前宽点和后宽点，打开剪口，修剪余布，固定肩点，肩部产生余量。将肩部的余量进行收褶处理，此处为袖山的吃势量，沿袖窿线用大头针固定（图6-23）。

③将前袖片推向手臂内侧，布料自然下垂，形成筒状，用大头针在袖底、袖中和袖口处固定（图6-24）。

④在袖中线位置，取下大头针，将布料向里推移，布料会产生一些褶皱，外侧打剪口，拔开布料，理顺布料，重新固定袖中，做出袖片的弯势（图6-25、图6-26）。

⑤将后袖片推向布手臂内侧，布料自然下垂，形成袖筒，在袖底固定。确定袖肥量（图6-27）。

⑥袖口内侧布料，以袖肘为中心，向上旋转，使袖口变小些，固定袖口（图6-28）。

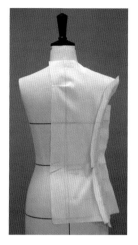
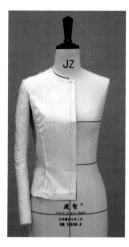

图6-20　　　　　　　图6-21

图6-22　　　　　　　图6-23

图6-24　　　　　　　图6-25

图6-26　　　　　　　　　图6-27　　　　　　　　　图6-28

⑦布料在袖肘部位形成一定的余量，做袖肘省，也可做吃势处理，用大头针固定（图6-29）。

（2）点位、画板。

在袖窿处点位，通过衣身袖窿形状，拷贝出袖山弧线，确定袖长、袖口尺寸，画出袖子的板型（图6-30）。

（3）修正、完善。

①将袖子别合成型，在袖筒内侧从袖底开始沿前后袖窿用针固定，外侧沿袖窿线固定（图6-31、图6-32）。

②在肩部均匀分配吃势量。

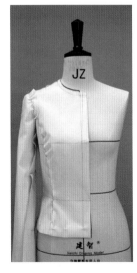

图6-29　　　　　　　图6-30　　　　　　　图6-31　　　　　　　图6-32

3. 审视、检验

用大头针将服装别合成型，重新固定在人台上，观察上衣的形态（图6-33～图6-35）。

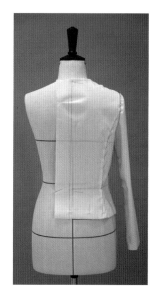

图6-33　　　　　　　　图6-34　　　　　　　　图6-35

五、板型结构图

板型结构图如图6-36所示。前片刀背分割线偏向BP点外侧，需在前中和BP点处分配一定的量，胸围线处会产生一定的吃势，BP点以上的纱线方向会向前中心微偏。

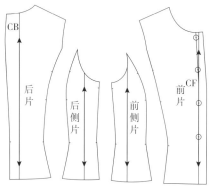
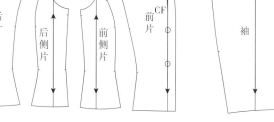

图6-36

第二节　西装领套装上衣

一、款式结构分析

西装领套装上衣的衣身由刀背缝线条分割构成的，单粒扣，采用略有方向性的二片袖。刀背分割线使胸部显得丰满，腰部收腰，从腰到臀处下摆较宽。分割线设置在人台的公主线区域。

套装款式适合职业或休闲等多种方式穿着，西装领外形、下摆形状、一粒扣等细节设计，能给人一种年轻、充满活力的感觉（图6-37）。

二、人台准备

（1）在人台上贴出门襟线、底边线，刀背分割线经胸点稍偏侧边处，确定西服领造型。

（2）在人台上放上垫肩，垫肩是构造美观轮廓的不可缺少之物。垫肩有很多种，这里用厚1cm的基本普通垫肩。

（3）垫肩比设定的肩宽大1cm，即向手臂侧伸出1cm，用大头针牢牢固定。

（4）确定肩线位置，贴出袖窿上部轮廓（图6-38、图6-39）。

图6-37

图6-38

图6-39

三、坯布准备

准备坯布，如图6-40所示。

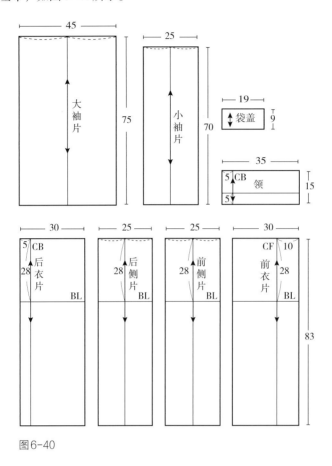

图6-40

四、立裁操作步骤与方法

1. 衣身与衣领

（1）别样。

①前衣身中心线对准人台上中心线，胸围线水平对准，用大头针固定。前颈点稍上方处打剪口（图6-41）。

②在腰间刀背分割线处别一根大头针作标记，在腰围线水平方向打一剪口，至分割线1cm处，在腰线处预留活动松量，调整下摆空间量，在分割线外侧固定大头针（图6-42）。

③从BP点向上一边轻轻将布覆合人台，一边使丝缕放正，用大头针在肩

点固定。领围线留出覆盖锁骨所需的松量，对应于驳头覆盖在衣身上而产生的松量，整理领围线，在侧颈点固定（图6-43）。

图6-41　　　　　　　　图6-42　　　　　　　　图6-43

④前胸处布料倒向侧面，做出转折面，胸围线处留一点松量，用大头针在侧面固定。胸围线处产生的余量，临时收省固定，修剪余布（图6-44）。

⑤在翻折止口，打剪口，沿翻折线翻折布料，贴出驳头的形状，留够缝份后修剪余布（图6-45）。

⑥在布料上重新贴出刀背分割线、肩线，充分观察衣身外轮廓形态，以及三围处的空间量分配。

⑦前侧中心线对准人台前侧中心区域，保持布丝垂直向下，胸围线水平，用大头针固定（图6-46）。

图6-44　　　　　　　　图6-45　　　　　　　　图6-46

⑧在腰围线位置处打剪口至分割线1cm处，调整腰部和下摆的活动松量，用大头针在分割线外侧临时固定，整理布料，与前片贴合一致，观察衣服的造型（图6-47）。

⑨沿刀背分割线重叠固定前片与前侧片。抬起手臂，在侧缝腰围线位置同样打剪口，调整腰部和下摆松量，用大头针固定。

⑩修剪整理侧缝，向前翻折后固定（图6-48）。

⑪后衣片中心线对准人台中心线，用大头针在后颈点固定，背宽部位布丝保持水平后固定布料（图6-49）。

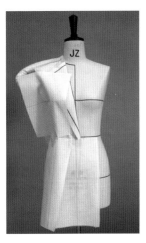  

图6-47   图6-48   图6-49

⑫在肩胛骨下方，用大头针在后背竖直向下划一下，观察布丝方向，布丝保持垂直向下，这时在后腰中心，布料会向左偏移一定的量，腰围线处打剪口，固定布料，再将布丝垂直向下，用大头针在臀围线处固定（图6-50）。

⑬在腰围线处打开剪口至分割线1cm处，调整腰部和下摆的活动松量，固定布料，在胸围线处布料倒向侧面，做出转折面，此处人体活动量较大，所以预留的活动松量要多些，用大头针在侧面固定（图6-51）。

⑭后袖窿处多余量向下转移，在侧面形成一定的省量，用大头针临时固定（图6-52）。

⑮整理领围，后领处留一点松量，用大头针在侧颈固定，肩胛骨产生的余量，在肩线处做吃势处理，重叠别合前后肩线。

⑯观察调整衣身造型，重新贴出刀背分割线（图6-53）。

⑰后侧中心线对准人台后侧中心区域，保持布丝垂直向下，胸围线水平，

用大头针固定（图6-54）。

⑱在腰围线位置处打剪口至分割线1cm处，调整腰部和下摆的活动松量，在分割线外侧临时固定，整理布料，与后片贴合一致。

⑲在侧缝腰围线位置同样打剪口，调整腰部和下摆松量，用大头针固定（图6-54）。

⑳沿刀背分割线，用大头针重叠固定后片与后侧片（图6-55）。

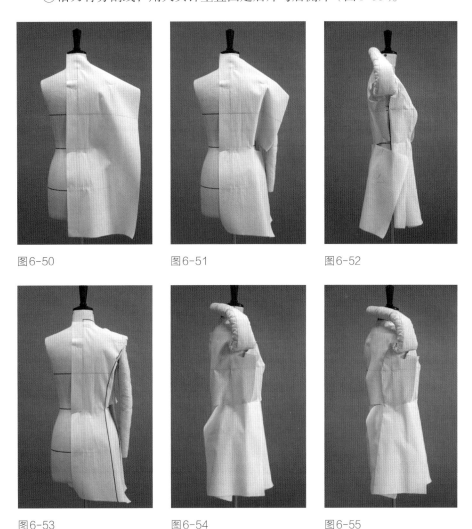

图6-50　　　　　　　　图6-51　　　　　　　　图6-52

图6-53　　　　　　　　图6-54　　　　　　　　图6-55

㉑修剪整理侧缝，向后翻折固定（图6-56）。

㉒别合前后侧缝，在胸围和臀围处可适量增加活动松量，重新别合（图6-57）。

㉓整理肩线，将后衣片肩部缝份向里折，重新别合，贴出领围线，与串口线连接（图6-58）。

图6-56 图6-57 图6-58

㉔做领。领子的水平标志线作为装领的目标线，如图6-59所示，从后中心线开始2～2.5cm处，留出1cm缝份，自然地裁去多余的布。衣身的后颈点与衣领的后中心垂直相对应，水平地用重叠针法固定，另外，水平2～2.5cm处布丝放正，用大头针固定。

㉕把衣领围到脖子上。一边打剪口，一边用大头针固定，直到侧颈点（图6-60）。

㉖在后中心处确定领座高度后，向下翻折，后领宽比领座宽要宽0.5cm，再向上翻折，水平别上大头针（图6-61）。

图6-59 图6-60 图6-61

㉗领从后向前绕。一边控制衣领与颈部的空间，一边逆时针方向旋转移动领底布，并轻轻向下拉，调整领的翻折线与驳头的翻折线对齐，确认领的造型（图6-62）。

㉘驳头翻到领上，在串口线上用大头针固定。同时注意领外围尺寸是否不足，并作调整（图6-63）。

图6-62

图6-63

㉙将领与驳头一同翻起，一边从侧颈点起到前领围处用大头针固定（图6-64）。

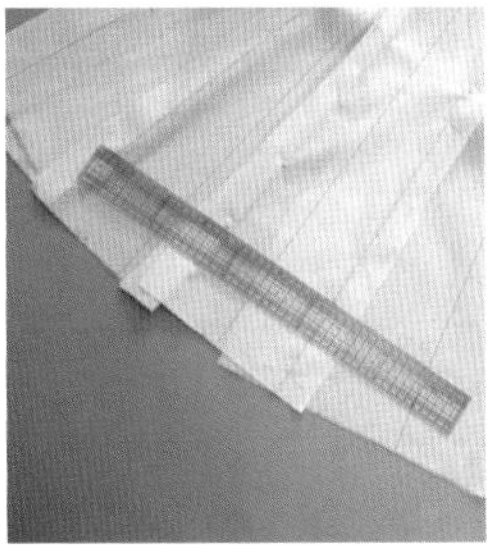

㉚用标记线贴出领的外形线，确认衣领的形状（图6-65）。

（2）点位。

标记领围线、肩线、袖窿上半部分、下摆线、门襟线，在三围线、分割线上标记对位点（图6-66）。

图6-64

图6-65

（3）画板。

完成衣身的板型绘制，确认袖窿底位置，前宽与背宽尺寸，袖窿处可用曲线板画出（图6-67）。底边用直尺统一画出（图6-68）。

（4）审视、检验。

别合成型，观察衣身形态，固定布手臂（图6-69）。

图6-66

图6-67

2. 衣袖

（1）别样。

①袖片中心线对准肩点，布丝竖直向下，用大头针在布手臂上端固定，在胸宽位置，向前折出转折面作为前

图6-68

图6-69

袖的松量，用大头针在衣身胸宽点处固定。在背宽位置同样做出后袖的松量，在衣身背宽点处固定，观察袖的基本轮廓（图6-70）。

②在前宽点和后宽点，打开剪口，修剪余布，用大头针固定肩点，肩部

产生余量（图6-71）。

③将肩部的余量进行收褶处理，此处为袖山的吃势量，沿袖窿线用大头针固定。

④将前袖片推向手臂内侧，布料自然下垂，形成筒状，在袖底、袖中和袖口用大头针固定（图6-72）。

图6-70 　　　　　　　图6-71 　　　　　　　图6-72

⑤在袖中线位置，取下大头针，将布料向里推移，布料会产生一些褶皱，外侧打剪口，将布料拔开，理顺布料，重新固定袖中，做出袖片的弯势（图6-73、图6-74）。

⑥将后袖片推向手臂内侧，布料自然下垂，形成袖筒，在袖底固定（图6-75）。

图6-73 　　　　　　　图6-74 　　　　　　　图6-75

⑦袖口内侧布料，以袖肘为中心，向上旋转，使袖口变小些，固定袖口（图6-76）。

⑧布料在袖肘部位形成一定的余量，做袖肘省，也可做吃势处理，用大头针固定（图6-77）。

⑨贴出前后袖片接缝线条（图6-78）。

图6-76　　　　　　　图6-77　　　　　　　图6-78

⑩做小袖片。布丝竖直向下，用大头针在臂根处、袖口处固定（图6-79）。

⑪调整布料，用重叠针法别合前后接缝线，修剪多余布料（图6-80、图6-81）。

图6-79　　　　　　　图6-80　　　　　　　图6-81

（2）点位、画板。

在袖窿处点位，通过衣身袖窿形状，拷贝出袖山弧线，确定袖长、袖口尺寸，画出大袖与小袖的板型（图6-82～图6-84）。

 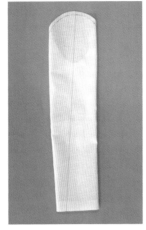 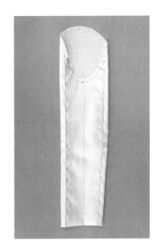

图6-82　　　　　　　　　图6-83　　　　　　　　　图6-84

（3）修正、完善。

①将袖子别合成型，在袖筒内侧从袖底开始沿前后袖窿用针固定，外侧沿袖窿线固定（图6-85）。

②在肩部均匀分配吃势量，观察袖与衣身的整体平衡。确定纽扣的位置、口袋的大小及位置。

3. 审视、检验

用大头针将服装别合成型，重新固定在人台上，观察上衣的形态（图6-86～图6-88）。

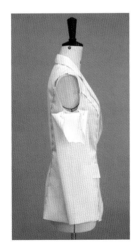   

图6-85　　　　　　图6-86　　　　　　图6-87　　　　　　图6-88

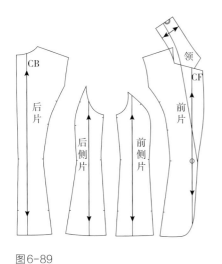

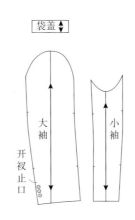

图6-89

五、板型结构图

板型结构图如图6-89所示。松量从腰部到臀部，前后放了差不多的量，前胸刀背处的松量较少，后刀背处因人体活动因素，松量要大。

前分割线的位置在胸点略向侧身偏，在前片胸点上下5cm范围内放入吃势量。观察每片分割线的角度、下摆的幅度变化，组合成衣，才能构成美观的造型。

第三节　戗驳领西装上衣

一、款式结构分析

戗驳领女西装具有男西装典型的戗驳头。领面宽大，袖子为方向性较强的二片袖，宽阔的肩宽，在肩头加上厚垫肩，显得肩部线条更加硬朗。采用三开身结构设计，收腰明显，腰线最细位置上移，衣长稍长，通过肩、腰、臀的对比，更加突出女性腰身的轮廓，体现时尚潮流的款式特征（图6-90）。

二、人台准备

在人台上贴出门襟线、底边线、省位、口袋位置线、前后分割线，领的翻折线从后中心开始连顺，并与翻折止点连顺，贴出戗驳领造型。使用厚1.5cm

图6-90

的垫肩，人台肩宽需加宽（图6-91～图6-93）。

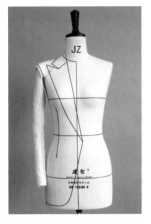

图6-91

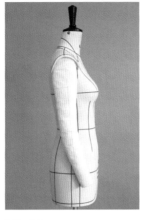

图6-92

图6-93

三、坯布准备

准备坯布，如图6-94所示。

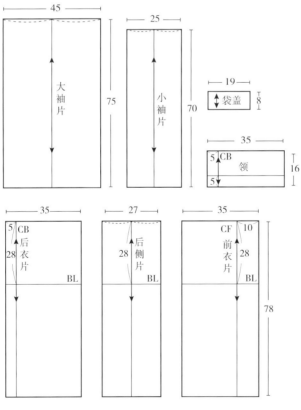

图6-94

四、立裁操作步骤与方法

1. 衣身与衣领

（1）别样。

①前衣身中心线对准人台上中心线，胸围线用大头针水平固定，在前颈点中心处打上剪口（图6-95）。

②取下前颈点处大头针，将布料向外侧偏移一定量，以分配胸省量，重新固定。

③BP点以上方向将布往上捋，从肩端点到领围处将布自然放平，领围处留出必要的松量，用大头针在肩点固定。

④布料倒向侧面，依靠肩点和BP点的支撑，形成前胸与侧面的转折面，在胸围线处水平地放入一点松量，用大头针在侧缝线处固定（图6-96）。

⑤调整下摆松量，在口袋位置处固定布料，重新贴出口袋位置线条（图6-97）。

 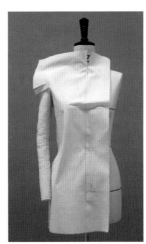 

图6-95　　　　　　　图6-96　　　　　　　图6-97

⑥沿口袋位置线条，打剪口，剪至前腰省的参考位置（图6-98）。

⑦腰围线外侧打剪口，预留腰部松量，侧缝处固定布料，初步确定腰省量的大小（图6-99）。

⑧腰围线上方2cm处确定腰部最细位置，收省量最多，腰部留够松量后，将多余量进行收省处理，省道线竖直向下（图6-100）。

⑨重新贴出分割线（图6-101）。

 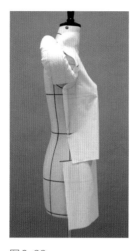  

图6-98　　　　　　　图6-99　　　　　　　图6-100　　　　　　　图6-101

⑩从布边到翻折线止口处打剪口。沿人台的基准线翻折，贴出驳头的造型（图6-102）。

⑪后衣片中心线对准人台中心线，在后颈点固定，背宽部位布丝保持水平后固定布料。

⑫在肩胛骨下方，用大头针在后背竖直向下划一下，观察布丝方向，布丝保持垂直向下，这时在后腰中心，布料会向左偏移一定的量，腰围线处打剪口，固定布料，再将布丝垂直向下，臀围线处固定（图6-103）。

⑬同样在腰围线上方2cm处确定腰部最细位置，分割线处别大头针作标记，并水平打开剪口至分割线1cm处，调整腰部松量以及下摆的幅度，固定布料（图6-104）。

图6-102　　　　　　　图6-103　　　　　　　图6-104

图6-105

图6-106

图6-107

图6-108

图6-109

图6-110

图6-111

图6-112

⑭在胸围线处布料倒向侧面，做出转折面，此处人体活动量较大，所以预留的活动松量要多些，在侧面固定（图6-105）。

⑮后袖窿处打剪口，调整袖窿的活动松量，观察衣身的造型，重新贴出分割线。

⑯整理领围，后领处留一点松量，在侧颈固定，肩胛骨产生的余量，在肩线处做吃势处理，重叠别合前后肩线（图6-106）。

⑰侧片中心线对准人台侧面中心区域，保持布丝垂直向下，胸围线水平，用大头针固定（图6-107）。

⑱分别在两侧腰围线上方2cm处打剪口至分割线，留1cm缝份量，调整腰部和下摆的活动松量，与前后片贴合一致。

⑲重叠别合前后分割线（图6-108）。

⑳整理肩线，将后衣片肩部缝份向里折，重新别合，贴出领围线，与串口线连接（图6-109）。

㉑做领。领子的水平标志线作为装领的目标线，从后中心线开始2～2.5cm处，留出1cm缝份，自然地裁去多余的布。衣身的后颈点与衣领的后中心垂直相对应，水平地用重叠针法固定，另外，水平2～2.5cm处布丝放正，用大头针固定（图6-110）。

㉒把衣领围到脖子上。一边打剪口，一边用大头针固定，直到侧颈点（图6-111）。

㉓在后中心处确定领座高度后，向下翻折，后领宽比领座宽要宽0.5cm，再向上翻折，水平别上大头针（图6-112）。

㉔领从后向前绕。一边控制领与颈部的

空间，一边逆时针方向旋转移动领底布，并轻轻向下拉，调整领的翻折线与驳头的翻折线对齐，确认衣领的造型，在串口线下方用大头针固定，观察领外围尺寸是否满足并做调整（图6-113）。

㉕将领与驳头一同翻起，从侧颈点起到前领围处用大头针固定（图6-114）。

㉖驳头翻到领上，别合串口线，调整领外围线条，打剪口，用标记线贴出领的外形线，确认领的形状（图6-115）。

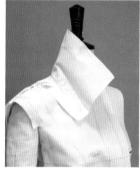

图6-113　　　　　　图6-114　　　　　　图6-115

（2）点位。

标记领围线、肩线、袖窿上半部分、底边线、门襟线，在三围线、分割线上标记对位点。

（3）画板。

完成衣身的板型绘制，确认袖窿底位置，前宽与背宽尺寸，袖窿处可用曲线板画出。

（4）审视、检验。

别合成型，观察衣身形态，固定布手臂（图6-116）。

2. 衣袖

（1）别样。

①袖片中心线对准肩点，布丝竖直向下，在布手臂上端固定，在胸宽位置，向前折出转折面作为前袖的松量，在衣身胸宽点处固定，在背宽位置同样做出后袖的松量，在衣身背宽点处固定，观察袖的基本轮廓（图6-117）。

②在前宽点和后宽点，打开剪口，修剪余布，用大头针固定肩点，肩部产生余量。

③将肩部的余量进行收褶处理，此处为袖山的吃势量，沿袖窿线用大头针固定（图6-118）。

图6-116　　　　　　　　　图6-117　　　　　　　　　图6-118

④将前袖片推向手臂内侧，布料自然下垂，形成筒状，在袖底、袖中和袖口固定（图6-119）。

⑤在袖中线位置，取下大头针，将布料向里推移，布料会产生一些褶皱，外侧打剪口，将布料拔开，理顺布料，重新固定袖中，做出袖片的弯势（图6-120）。

⑥将后袖片推向手臂内侧，布料自然下垂，形成袖筒，在袖底固定（图6-121）。

图6-119　　　　　　　　　图6-120　　　　　　　　　图6-121

⑦袖口内侧布料，以袖肘为中心，向上旋转，使袖口变小些，确定袖口尺寸，固定袖口（图6-122）。

⑧布料在袖肘部位形成一定的余量，做袖肘省，也可做吃势处理，用大头针固定（图6-123）。

⑨贴出前后袖片接缝线条（图6-124、图6-125）。

⑩做小袖片。布丝竖直向下，用大头针在臂根处、袖口处固定（图6-126）。

⑪调整布料，用重叠针法别合前后接缝线，修剪多余布料（图6-127）。

图6-122

图6-123

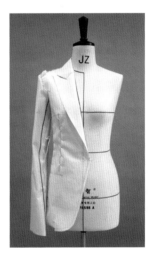

图6-124

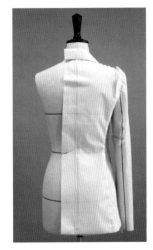

图6-125

图6-126

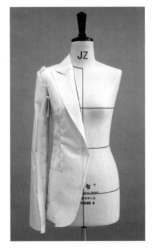

图6-127

（2）点位、画板。

在袖窿处点位，通过衣身袖窿形状，拷贝出袖山弧线，确定袖长，画出大袖与小袖的板型（图6-128、图6-129）。

（3）修正、完善。

①将袖子别合成型，在袖筒内侧从袖底开始沿前后袖窿用大头针固定，外侧沿袖窿线固定（图6-130）。

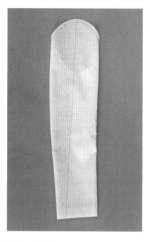
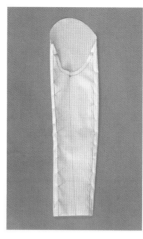

图6-128　　　　　　　图6-129　　　　　　　图6-130

②在肩部均匀分配吃势量，观察袖与衣身的整体平衡。确定纽扣的位置、口袋的大小及位置。

3. 审视、检验

用大头针将服装别合成型，重新固定在人台上，观察上衣的形态（图6-131～图6-133）。

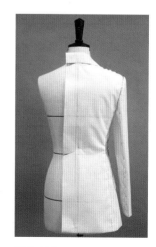

图6-131　　　　　　　图6-132　　　　　　　图6-133

五、板型结构图

戗驳领西装板型结构图如图6-133所示。宽肩造型，领面宽大的戗驳领，表现出男性套装风格。独特的三开身结构，因腰线上移，收腰量较大，腰身对比明显，塑造曲线轮廓，更加突出女性身材特点（图6-134）。

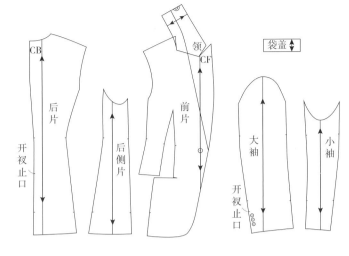

图6-134

第四节 连肩袖休闲西装上衣

一、款式结构分析

连肩袖休闲西服外套为无省道处理，单粒扣，采用连肩袖设计，宽松箱型造型，明贴口袋，表现出时尚休闲的款式特征。

可选择双面呢等毛呢面料，突出外套的品质感，内搭毛衫，适合冬春季穿着（图6-135）。

二、人台准备

在人台上贴出门襟线、底边线，领的翻折线从后中心开始连顺，并与翻折止点连顺，贴出西装领造型（图6-136、图6-137）。

三、坯布准备

准备坯布，考虑到连肩袖的款式结构，衣身布料要有足够的宽度（图6-138）。

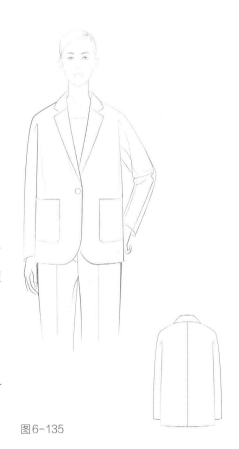

图6-135

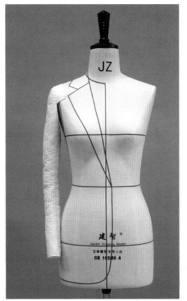
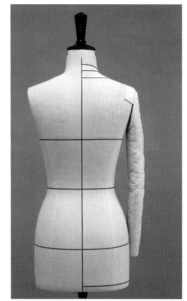

图6-136　　　　　　　　　　　　图6-137

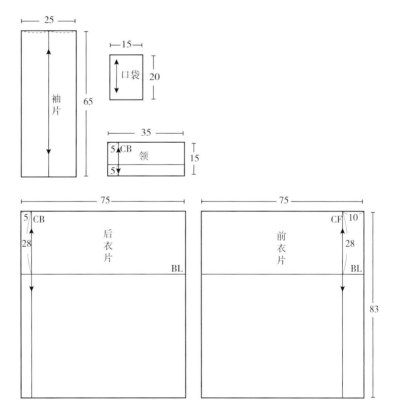

图6-138

四、立裁操作步骤与方法

1. 别样

（1）前衣身中心线对准人台上中心线，胸围线用大头针水平固定，在前颈点中心处打剪口（图6-139）。

（2）侧面布料向手臂内侧推，在胸围处放入松量，调整衣身为箱型轮廓，用大头针在侧缝处固定（图6-140）。

（3）调整肩部布料，依靠肩点支撑，布料自然下垂，前胸处产生一定的余量，即胸省量（图6-141）。

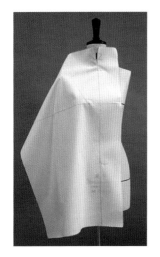

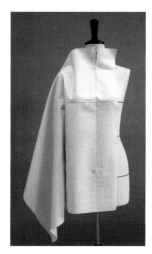

图6-139　　　　　　　图6-140　　　　　　　图6-141

（4）理顺前胸布料，将余量向前中心转移，用大头针在侧颈点固定，整理领围，在领围处预留一些松量，用大头针在前颈处固定（图6-142）。

（5）整理连肩袖，调整手臂内侧布料，观察调整连肩袖的腋点位置，在侧缝处固定。手臂上端预留活动松量，保持布料自然下垂，观察调整袖筒造型，在手臂外侧固定（图6-143）。

（6）在手臂内侧沿布料的折线打开剪口，剪至袖肘偏上位置处（图6-144）。

（7）在手臂内侧袖肘部位打剪口，拔开布料，将布料向里推，用大头针重新固定，做出袖筒弯势，调整袖筒造型（图6-145）。

（8）在侧缝位置重新贴出标记线，确定小袖插片位置，下点在腰围线附近，上点在胸宽点向下至胸围线处，贴出标记线（图6-146）。

（9）从小袖插片上点开始贴出小袖接缝线（图6-147）。

图6-142

图6-143

图6-144

图6-145

图6-146

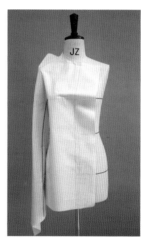

图6-147

（10）手臂外侧袖肘部位打剪口，向后移布料，观察袖弯势，用大头针固定布料，从侧颈点开始，经过肩点，贴出袖中缝（图6-148）。

（11）沿翻折线翻折布料，贴出驳领的外形（图6-149）。

（12）后衣片中心线对准人台中心线，用大头针在后颈点、臀围处固定，背宽部位布丝保持水平后，用大头针固定布料（图6-150）。

（13）从肩点开始，布料向手臂内侧推，调整衣身为箱型轮廓，衣身与袖在肩部形成自然的折角，用大头针在侧缝处固定（图6-151）。

（14）调整袖筒造型，后袖预留松量，用大头针在袖中缝固定，肩点处会产生余量，做吃势处理（图6-152）。

（15）整理领围线，后颈处预留一点松量，用大头针在侧颈处、肩点固定。

（16）确定小袖插片位置，上点在背宽点向下至胸围线处，下点与前片重合，贴出标记线，同时贴出小袖接缝线，在标记线外剪开布料（图6-153、图6-154）。

（17）重叠别合侧缝线（图6-155）。

（18）重叠别合肩线、袖中缝（图6-156）。

（19）预留插片长度尺寸，折叠布料，折边靠近插片上点位置，小袖片中心线与手臂的角度保持一致，用大头针在手臂内侧固定（图6-157）。

图6-148　　　　　　　图6-149

图6-150　　　　图6-151　　　　图6-152　　　　图6-153

图6-154　　　　图6-155　　　　图6-156　　　　图6-157

（20）调整布料，使布料贴合手臂和衣身侧面，用大头针重叠别合前后缝线以及前后插片接缝线，修剪多余布料（图6-158）。

（21）整理肩线，贴出领围线，与串口线连接（图6-159）。

图6-158

（22）做领。领子的水平标志线作为装领的目标线，如图6-159所示，从后中心线开始2～2.5cm处，留出1cm缝份，自然地裁去多余的布。衣身的后颈点与衣领的后中心垂直相对应，水平地用重叠针法固定。另外，水平2～2.5cm处布丝放正，用大头针固定。

（23）把衣领围到脖子上。一边打剪口，一边用大头针固定，直到侧颈点（图6-160、图6-161）。

（24）在后中心处确定领座高度后，向下翻折，后领宽比领座宽要宽0.5cm，再向上翻折，水平别上大头针（图6-162）。

（25）领从后向前绕。一边控制领与颈部的空间，一边逆时针方向旋转移动领底布，并轻轻向下拉，调整领的翻折线与驳头的翻折线对齐，确认领的造型，在串口线下方用大头针固定，观察领外围尺寸是否满足并做调整（图6-163）。

（26）将领翻起，从侧颈点起到前领围处用大头针固定（图6-164）。

图6-159

图6-160

图6-161

图6-162

图6-163

图6-164

（27）驳头翻到领上，别合串口线，调整领外围线条，打剪口，用标记线贴出领的外形线，确认领的形状（图6-165）。

2. 点位

标记领围线、肩线、下摆线、门襟线等。

3. 画板

完成衣身、连肩袖的板型绘制（图6-166）。

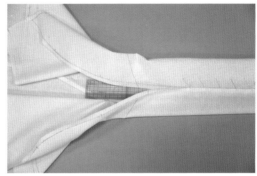

图6-165   图6-166

4. 审视、检验

别合成型，观察衣身、连肩袖形态。确认纽扣位置、口袋的尺寸及位置（图6-167~图6-169）。

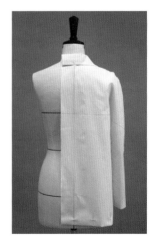

图6-167   图6-168   图6-169

五、板型结构图

板型结构图如图6-170所示。连肩袖腋点的高低、袖肥量决定袖的活动量。连肩袖腋点偏高，采用小袖插片设计，构成三片袖结构，满足连肩袖与衣身之间的平衡关系。

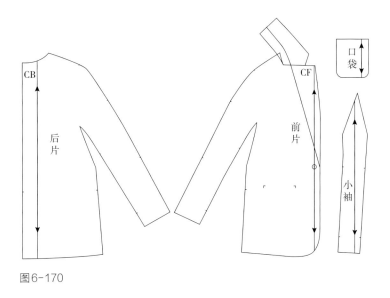

图6-170

思考与练习

1. 在套装上衣立裁中，如何塑造合体衣身造型？如何处理衣身松量的加放？

2. 西装领的立裁基本步骤和方法是什么？

3. 连肩袖的立裁基本步骤和方法是什么？

4. 搜集成衣女装中套装上衣的款式图片，分组整理，并对其进行款式结构分析。

5. 完成1款套装上衣的立体裁剪练习。

大衣立体裁剪

第七章

课题名称： 大衣立体裁剪

课题内容： 1. 戗驳领大衣

　　　　　　2. 落肩袖大衣

　　　　　　3. 插肩袖大衣

　　　　　　4. 连肩袖大衣

课题时间： 12课时

教学目的： 使学生了解大衣的款式特征、分析不同种类大衣的款式变化和结构特征，掌握大衣立体裁剪的基本步骤和操作方法。

教学方式： 理论讲解、示范教学。

教学要求： 1. 了解大衣的款式特点，掌握大衣立体裁剪的基本步骤和方法。

　　　　　　2. 了解大衣的形态特征，掌握宽松大衣衣身松量的加放方法。

　　　　　　3. 掌握大衣领的立裁基本步骤和方法，结合不同领型的设计，进行灵活运用，能够处理领与衣身的衔接关系。

　　　　　　4. 掌握大衣袖的立裁基本步骤和方法，针对不同袖型特征，能够处理袖与衣身的衔接关系。

课前准备： 1. 人台款式线粘贴。

　　　　　　2. 坯布的裁剪和熨烫。

　　　　　　3. 布手臂、垫肩及立裁所需工具。

第一节 戗驳领大衣

一、款式结构分析

戗驳领大衣外形自然，腰部稍收进，下摆后中心处开衩，拥有由4粒纽扣组成双排扣，后袖窿设计分割线，无侧缝设计，侧缝处和腰部收省，下摆呈箱型轮廓。驳折点在腰围线以下，戗驳领、手巾袋、带袖开衩的两片袖等，是一款很有男装特点的大衣设计。戗驳领大衣虽然是收腰设计，但仍需留出足够的松量（图7-1）。

二、人台准备

在人台上放垫肩。需增加肩宽量，用大头针固定。

在人台上贴出所需标记线。人台的前中心线向外1cm贴出一条平行线，作为外套的中心线，由这条线确定前门襟宽度。贴出腰省、领口省参考线及后片分割线。后颈点向上确定领座的高度，经过侧颈处到驳折止点贴出翻折线，贴出领子的造型线（图7-2、图7-3）。

图7-1

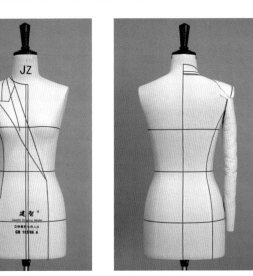

图7-2   图7-3

三、坯布准备

准备坯布，如图7-4所示。

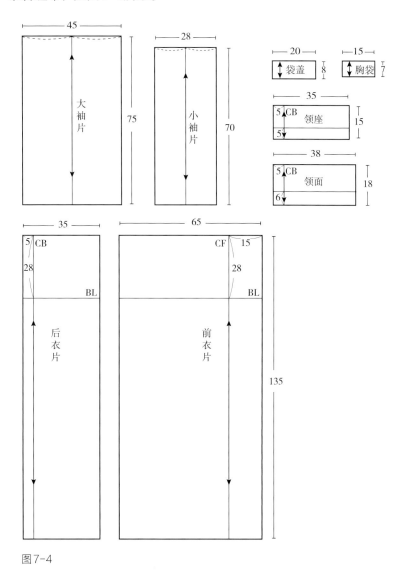

图7-4

四、立裁操作步骤与方法

1. 衣身与衣领

（1）别样。

①前衣片的布的基准线与人台的胸围线和中心线相重合，用大头针固定左右的胸点，确认是否水平垂直，前颈处打开剪口（图7-5）。

②袖窿位置水平打开剪口，前胸处布料倒向侧面，前胸与侧面形成转折面，从袖窿起到侧边、下摆，为了产生立体感而放入松量，调整衣身形成箱型轮廓，在侧缝处固定（图7-6）。

③粗裁袖窿和肩部，用大头针在肩点固定，前胸余量转为领口省道量，注意领省隐藏在驳头中的位置和长度，与驳头的翻折线平行，固定侧颈点，整理领围的缝份（图7-7）。

图7-5　　　　　　　图7-6　　　　　　　图7-7

④为达到收腰目的，沿侧缝线收省，省尖至臀围线偏上位置，省量为2cm，观察布丝方向变化（图7-8）。

⑤在腰围处打剪口，腰部稍收进，胸围预留松量，侧面与后背形成转折面，固定布料，调整下摆造型。

⑥观察确认衣身整体轮廓，参考人台分割线，在转折面上贴出标记线（图7-9）。

⑦腰部稍吸，省尖在胸围线下方和臀围线上方位置，收前腰省，省量不宜过大（图7-10）。

⑧在翻折线止点打剪口，翻折布料，确认驳头和串口线的位置后，贴出驳头外形（图7-11）。

⑨后衣片中心线对准人台中心线后，向外侧偏移1cm左右，背宽部位保持水平，固定布料。肩胛骨下方保持布丝垂直向下，轻压布料，布料在后中心处自然偏移，在后腰调整布料与人台的空间量，腰线下方固定，保持布丝垂直向下，在臀围线固定。

⑩ 在腰线、腿围线处与前片重合，调整空间量后别合布料，腰线处打剪口（图7-12）。

⑪ 在分割线处调整布料，使布料与前片贴合一致，调整背宽活动松量以及下摆量，观察衣身的立体造型，沿分割线重叠别合前后片（图7-13）。

图7-8

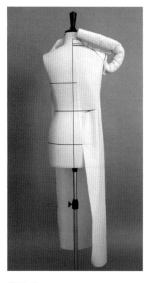

图7-9

图7-10

图7-11

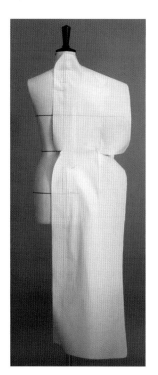

图7-12

图7-13

⑫ 整理领围，领围处放入适当松量，用大头针在侧颈处固定，布丝向上，在肩点处固定。肩胛骨省量在肩部转化为吃势，修剪袖窿余布（图7-14）。

⑬ 在没有裁去布的情况下，确认前后下摆量，从侧面观察衣身的立体效果，修剪余布（图7-15）。

⑭ 重新贴出领围线，与串口线相连（图7-16）。

⑮ 做领座。使领布的后中心稳定，保持中心垂直吻合，水平用大头针固定（图7-17）。

⑯ 参考领翻折标记线，布料向下翻折，侧颈处打剪口。领从后向前绕，一边控制领与颈部的空间，一边旋转移动领底布，调整领的翻折线与驳头的翻折线对齐，在领底用大头针固定（图7-18）。

⑰ 翻起领布，用大头针别合领底线（图7-19）。

⑱ 参考翻折线，用标记线贴出领座外形（图7-20）。

⑲ 点位领座，标出领底线、穿口位置，画出领座的板型，重新放回原位。

⑳ 做领面。衣领的后中心与领座垂直相对应，水平地用重叠针法固定。侧颈处打剪口，将布向前围绕（图7-21）。

㉑ 参考领翻折标记线，向下翻折，确定领宽后再向上翻折，水平别上大头针（图7-22）。

㉒ 调整领与颈部的空间量，逆时针方向旋转移动领底布，与驳头的翻折线相合，在串口线下方用大头针固定，观察领外围形状

图7-14　　　　　　　　图7-15

图7-16　　　　　　　　图7-17

图7-18　　　　　　　　图7-19

图7-20　　　　　　　　图7-21

图 7-22

图 7-23

图 7-24

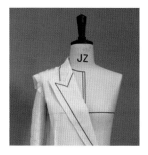

图 7-25

图 7-26

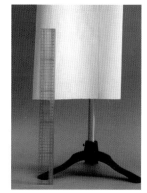

图 7-27

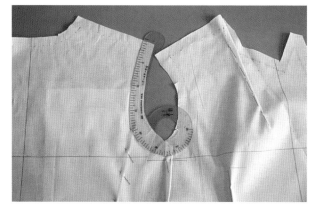

图 7-28

（图 7-23）。

㉓将领翻起，沿领座上沿别合领底线，确认领翻折线与驳折线是否连顺（图 7-24）。

㉔驳头翻到领上，别合串口线，调整领外围，贴出领的外形线（图 7-25）。

（2）点位。

标记领围线、肩线、袖窿上半部分、门襟线，在三围线、分割线上标记对位点，确定衣长（图 7-26、图 7-27）。

（3）画板。

确认袖窿底位置，前宽与背宽尺寸，袖窿处可用曲线板画出，完成衣身和领的板型绘制（图 7-28）。

（4）修正、完善。

别合成型，观察衣身形态，固定布手臂（图 7-29）。

图 7-29

2. 衣袖

（1）别样。

①袖片中心线对准肩点，布丝竖直向下，在布手臂上端固定，在胸宽位置，向前折出转折面作为前袖的松量，在衣身胸宽点处固定，在背宽位置同样做出后袖的松量，在衣身背宽点处固定，观察袖的基本轮廓（图7-30）。

②在前宽点和后宽点，打开剪口，修剪余布，用大头针固定肩点，肩部产生余量（图7-31）。

③将肩部的余量进行收褶处理，此处为袖山的吃势量，沿袖窿线用大头针固定。

④将前袖片推向手臂内侧，布料自然下垂，形成筒状，用大头针在袖底、袖中和袖口固定（图7-32）。

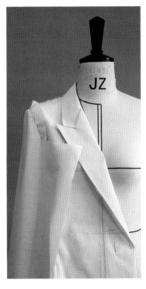

图7-30   图7-31   图7-32

⑤在袖中线位置，取下大头针，将布料向里推移，布料会产生一些褶皱，外侧打剪口，将布料拔开，理顺布料，重新固定袖中，做出袖片的弯势（图7-33）。

⑥将后袖片推向手臂内侧，布料自然下垂，形成袖筒，在袖底固定（图7-34）。

⑦袖口内侧布料，以袖肘为中心，向上旋转，使袖口变小些，确定袖口尺寸，固定袖口（图7-35）。

图7-33　　　　　　　图7-34　　　　　　　图7-35

⑧布料在袖肘部位形成一定的余量，做袖肘省，也可做吃势处理，用大头针固定（图7-36）。

⑨贴出前后袖片接缝线条（图7-37）。

⑩做小袖片。布丝竖直向下，用大头针在臂根处、袖口处固定（图7-38）。

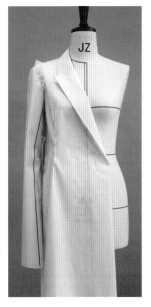
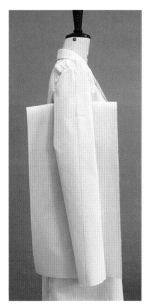

图7-36　　　　　　　图7-37　　　　　　　图7-38

⑪调整布料，用重叠针法别合前后接缝线，修剪多余布料（图7-39）。

（2）点位、画板。

在袖窿处点位，通过衣身袖窿形状，拷贝出袖山弧线，确定袖长，画出大袖与小袖的板型。用大头针别合成型（图7-40、图7-41）。

图7-39

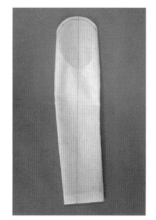
图7-40

图7-41

（3）修正、完善。

①将袖子别合成型，在袖筒内侧从袖底开始沿前后袖窿用大头针固定，外侧沿袖窿线固定（图7-42）。

②在肩部均匀分配吃势量，观察袖与衣身的整体平衡。确定纽扣的位置、口袋的大小及位置。

3. 审视、检验

用大头针将服装别合成型，重新固定在人台上，观察大衣的形态（图7-43～图7-45）。

图7-42

图7-43

图7-44

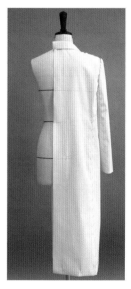
图7-45

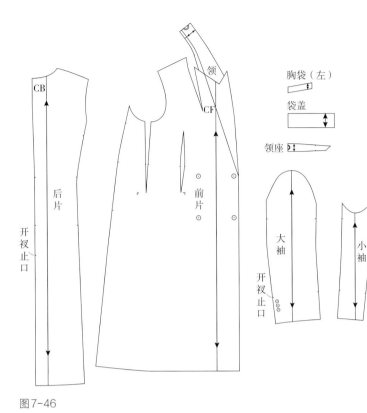

领

胸袋（左）

袋盖

领座

CB

CF

后片

前片

大袖

小袖

开衩止口

开衩止口

图7-46

五、板型结构图

　　戗驳领大衣板型结构图如图7-46所示。腰部略收省，同时保证足够的松量，通过前片省的分布以及后片分割线，构成立体造型。大衣的袖肥与袖长尺寸要比套装大，以满足功能性需求，两片袖结构突出袖的方向性。

第二节　落肩袖大衣

一、款式结构分析

　　落肩袖大衣外型呈直线箱型轮廓。腰部不收省，下摆为直线造型，有便于轻松穿着的宽松轮廓。翻驳领较宽大，一粒扣设计，落肩结构，侧缝处有口袋，突显简约时尚风格（图7-47）。

　　衣身为箱型轮廓，立裁时注意要在人台上留出足够的松量。

二、人台准备

　　在人台上贴出所需标记线。人台的前、

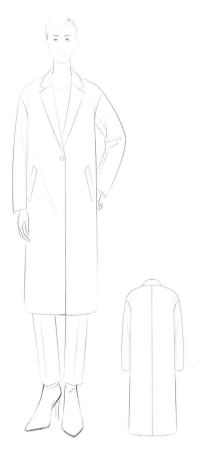

图7-47

后中心线向外1cm贴出一条平行线，贴出前门襟轮廓线。后颈点向上确定领座的高度，经过侧颈处到驳折止点贴出翻折线，确定串口线位置，贴出领子的造型线（图7-48、图7-49）。

三、坯布准备

准备坯布，如图7-50所示。

四、立裁操作步骤与方法

1. 衣身与衣领

（1）别样。

①前衣片的基准线与人台的中心线、胸围线重合，用大头针固定左右胸点处，确认垂直、水平（图7-51）。

②在前胸加入足够松量作出一个转折面，依靠肩点支撑，布料自然下垂，使衣身呈现箱型轮廓，侧面胸围参考线稍下移一点，观察调整衣身造型，在侧面胸围线处固定（图7-52）。

③袖窿处预留落肩量，打剪口，将衣身布料推向手臂内侧。手臂下垂，前胸与袖自然形成一个褶皱，前胸布料竖直向上，肩点固定，领围处放入一些松量，其他余量转移至前中，在前颈处固定（图7-53）。

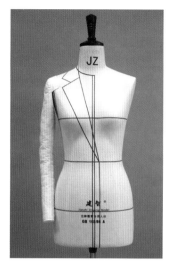

图7-48　　　　　　　　图7-49

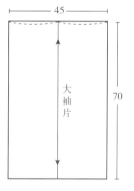
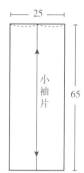
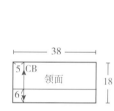

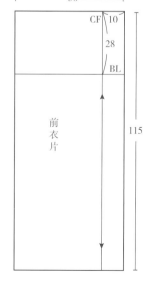

图7-50

图7-51

图7-52

图7-53

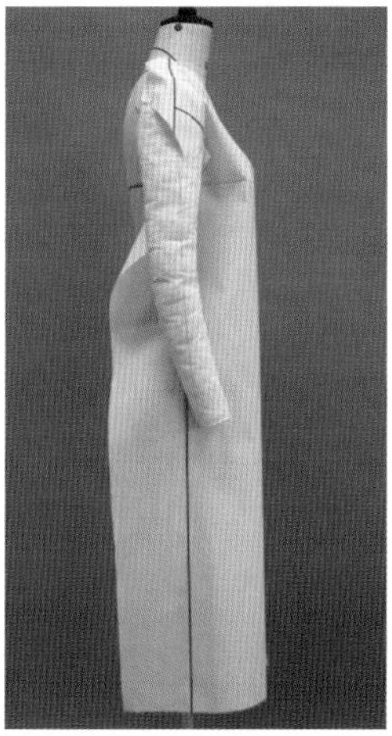

图7-54

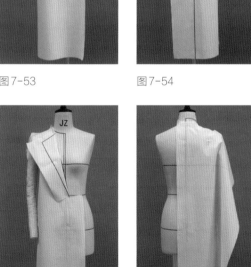

图7-55

图7-56

④确定落肩量，观察落肩的形态，调整确定布料与手臂之间的松量，在手臂上端固定。贴出袖窿线和肩线，修剪余布。

⑤在臀围线位置，检查作成箱型的面中是否有足够的松量，在侧缝线处固定。修剪侧缝，向前翻折（图7-54）。

⑥在翻折线止点打剪口，翻折布料，确认驳头和串口线的位置后，贴出驳头外形（图7-55）。

⑦后衣身中心线对准人台后中心线并垂直于地面，衣身上的胸围线保持水平，用大头针固定。

⑧保持背宽布丝水平，做出后背宽松量，整理成箱型形状。

⑨后领围留一定的松量，整理后领围线，在侧颈位置固定，沿肩线重叠固定前后片（图7-56）。

⑩参考前片落肩量，预留袖窿位置，打剪口，将衣身布料推向手臂内侧，在侧缝处固定。观察落肩的形态，调整确定布料与手臂之间的松量，在手臂上端与前片重叠固定，肩点处会产生一定量的吃势（图7-57）。

⑪用标记线贴出袖窿位置，观察衣身直线造型，合前后侧缝（图7-58）。

⑫重新贴出领围线，与串口线相连（图7-59）。

⑬在后中心将领布与对准衣身后中心，用大头针水平固定（图7-60）。

⑭把衣领围到脖子上。一边打剪口，一边用大头针固定，直到侧颈点。

图7-57　　　　　　　图7-58

图7-59　　　　　　　图7-60

图7-61　　　　　　　图7-62

⑮确定领座高和领宽的大小，侧颈处打剪口，将领向前绕（图7-61）。

⑯调整领与颈部的空间量，逆时针方向旋转移动领底布，与驳头的翻折线相合，在串口线下方用大头针固定，观察领外围形状（图7-62）。

⑰用大头针固定领。从侧颈点起的装领线，近乎平行于驳折线（图7-63）。

图7-63　　　　　　　图7-64

⑱将领与驳头一同翻起，从侧颈点起到前领围处用大头针固定（图7-64）。

⑲驳头翻到领上，别合串口线，调整领外围，贴出领的外形线（图7-65）。

（2）点位。

标记领围线、肩线、袖窿、门襟线，确定衣长（图7-66）。

（3）画板。

完成衣身和领的板型绘制。

（4）审视、检验。

别合成型，观察衣身形态（图7-67）。

图7-65　　　　　　　图7-66

图 7-67

图 7-68

2. 衣袖

（1）别样。

①袖片中心线对落肩肩点，布丝竖直向下，在布手臂上端固定，在胸宽位置，向前折出转折面作为前袖的松量，在衣身胸宽点处固定，在背宽位置同样做出后袖的松量，在衣身背宽点处固定，观察袖的基本轮廓（图 7-68）。

②在前宽点和后宽点，打开剪口，修剪余布。沿袖窿线用大头针固定，需注意的是落肩袖，通常是袖窿比袖山弧线尺寸大，因此袖窿会有吃势量，这样落肩的造型更美观（图 7-69）。

③将前袖片推向手臂内侧，布料自然下垂，形成筒状，在袖底、袖中和袖口固定（图 7-70）。

④在袖中线位置，取下大头针，将布料向里推移，布料会产生一些褶皱，外侧打剪口，将布料拔开，理顺布料，重新固定袖中，做出袖片的弯势（图 7-71）。

⑤将后袖片推向手臂内侧，布料自然下垂，形成袖筒，在袖底固定（图 7-72）。

⑥袖口内侧布料，以袖肘为中心，向上旋转，使袖口变小些，确定袖口尺寸，在内侧袖口处固定（图 7-73）。

⑦布料在袖肘部位形成一定的余量，做袖肘省，也可做吃势处理，用大头针固定（图 7-74）。

⑧贴出前后袖片接缝线条（图 7-75、图 7-76）。

⑨做小袖片。布丝竖直向下，在臂根处、

图 7-69

图 7-70

图 7-71

图 7-72

图7-73

图7-74

图7-75

图7-76

袖口处固定（图7-77）。

⑩ 调整布料，使布料贴合于大袖，用重叠针法别合前后接缝线，修剪多余布料（图7-78）。

（2）点位、画板。

在袖窿处点位，通过衣身袖窿形状，拷贝出袖山弧线，确定袖长，画出大袖与小袖的板型。用大头针别合成型（图7-79、图7-80）。

（3）审视、检验。

将袖子别合成型，在袖筒内侧从袖底开始沿前后袖窿用针固定，外侧沿袖窿线固定（图7-81）。确定纽扣的位置、口袋的大小及位置（图7-82～图7-84）。

五、板型结构图

板型结构图如图7-85所示。衣身为直线式箱型轮廓，腰部无省设计，衣身需要足够的松量，尤其注意胸省量的分配。理解落肩袖结构的处理，袖窿吃势量的变化以及与衣身的衔接关系。

图7-77

图7-78

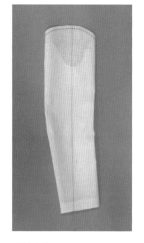

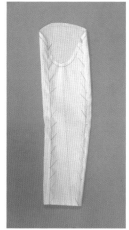

图7-79

图7-80

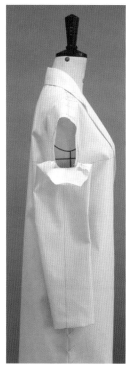

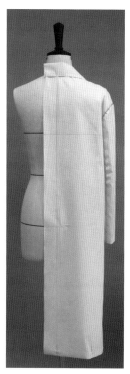

图7-81　　　　　　图7-82　　　　　　图7-83　　　　　　图7-84

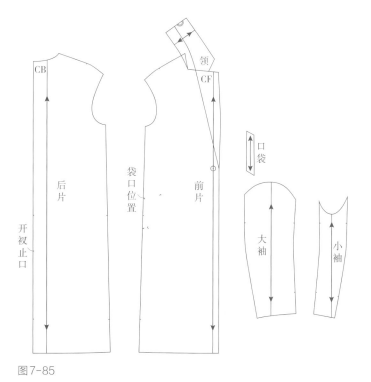

图7-85

第三节 插肩袖大衣

一、款式结构分析

插肩袖大衣衣身为直线箱型，宽松轮廓，青果领，一粒扣，插肩结构设计，口袋位于侧缝处，体现了大衣都市休闲风格的款式特征（图7-86）。

二、人台准备

在人台上贴出所需的标记线。人台的前中心线向外1cm贴出一条平行线，贴出前门襟轮廓线。后颈点向上确定领座的高度，经过侧颈处到驳折止点贴出翻折线，确定领口省位置、插肩参考线位置，贴出青果领造型（图7-87、图7-88）。

三、坯布准备

准备坯布，青果领造型与衣身连为一体，需预留足够的尺寸（图7-89）。

四、立裁操作步骤与方法

1. 衣身与衣领

（1）别样。

①前衣片的基准线与人台的中心线及胸围线重合，确认是否垂直、水平放置，用大头针固定布料。

②在前胸放入足够松量作出一个转折面，依靠肩点支撑，布料自然下垂，使衣身呈现箱型轮廓，侧面胸围参考线稍下移一点，观

图7-86

图7-87

图7-88

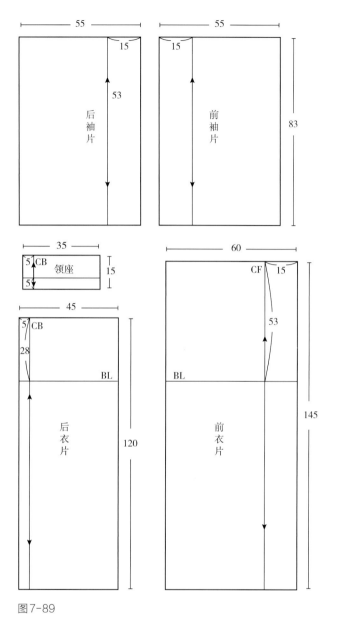

图7-89

察调整衣身造型，在侧面胸围线处固定（图7-90）。

　③胸围线以上布料向上捋平，整理肩部，前胸形成一定的余量，是胸部的省量（图7-91）。

　④整理袖窿，打剪口，将衣身布料推向手臂内侧。

　⑤在领口省参考线位置上，将前胸的余量别合成省，省尖接近胸围线，肩线处固定布料（图7-92）。

　⑥沿肩线外侧打开剪口，并打斜剪口，接近侧颈处（图7-93）。

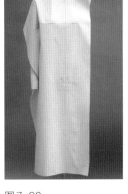

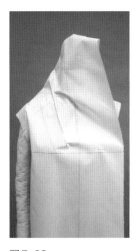

图7-90　　　　　图7-91　　　　　图7-92　　　　　图7-93

⑦在翻折线止点打剪口，翻折布料，观察调整青果领形态，注意领与侧颈之间的间隙。

⑧为使青果领形态更为美观，将衣身布料一点点地向内侧推移，并用手沿领口省位置，反复轻轻捏合领面以及前胸衣身布料，使青果领的翻折线产生弧度变化，这样内侧领口省量会变大，并产生褶痕（图7-94）。

⑨调整确定领口省。将领翻起，按照褶痕位置重新别合领口省，省肩点在胸围线以下。并用剪刀剪开领口省（图7-95）。

⑩调整领底。后领向上翻起，一边打剪口，一边整理领底是否平顺，预留足够的缝份量（图7-96）。

⑪从前至后观察青果领形态，调整移动领底布料，确定领高，预留足够尺寸的领面

图7-94　　　　　　　　图7-95

图7-96　　　　　　　　图7-97

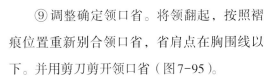

后，固定布料，修剪余布。观察领面布丝纱向的变化，因后领布料的旋转，布丝呈斜向变化（图7-97）。

⑫贴出领面外形线，修剪多余布料，确认青果领形态（图7-98、图7-99）。

图7-98

图7-99

⑬ 检查箱型衣身是否有足够的松量，在侧缝线处固定。修剪侧缝，向前翻折（图7-100）。

⑭ 后衣身中心线参考人台中心线向外偏移1cm，垂直于地面，胸围线保持水平，用大头针固定。保持背宽布丝水平，做出后背宽松量，整理成箱型形状（图7-101）。

⑮ 袖窿位置，打剪口，将衣身布料推向手臂内侧，用大头针在侧缝处固定。

⑯ 后领围留一定的松量，整理后领围线，用大头针在侧颈位置固定，沿肩线重叠固定前后片（图7-102）。

⑰ 确认衣身宽松量，合前后侧缝。重新贴出领围线，从后颈点开始，一直延伸到领口省（图7-103）。

⑱ 为了获得美观的青果领造型，需要做领座。领布中心线对准衣身中心线，水平固定大头针，打剪口，将布向前绕（图7-104）。

⑲ 参考青果领翻折线位置，向下翻折布料，移动领底部，将翻折线与青果领的翻折线对齐，调整领座与青果领重叠一致（图7-105）。

⑳ 翻起布料，重新别合领围线，在翻折

图7-100

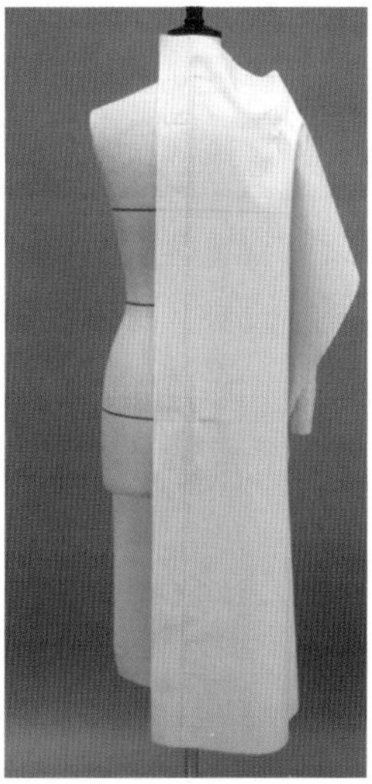

图7-101

图7-102

图7-103

图7-104

图7-105

线以下5～8mm位置，贴出领座的外形线，修剪余布（图7-106）。

㉑贴出前后插肩袖参考线（图7-107）。

（2）点位、画板。

点位，画出衣身的板型，省道、肩缝、侧缝用大头针别成型。衣身肩部的余布不要剪掉（图7-108）。

图7-106　　　　　　　图7-107　　　　　　　图7-108

2．衣袖

（1）别样。

①做袖。前袖片基准线对准肩点，布丝垂直向下，在肩点及袖口处用大头针固定（图7-109）。

②抬起手臂，与人台形成一定的角度，观察插肩袖的活动量，估算袖肥，在手臂内侧袖口处固定（图7-110）。

③放下手臂，布料推向手臂内侧，袖片因手臂的下压在肩部自然形成一个压褶，褶量为手臂抬起的活动量，观察调整袖肥量，在臂根处固定。

④前胸布料依靠肩点支撑自然垂下，与衣身重叠一致，观察处理插肩袖与衣身的衔接关系，在前胸向领围方向捋顺布料，产生的多余量推向肩线外侧，在侧颈处固定（图7-111）。

⑤袖中缝留够余量后打开剪口，接近腋底位置，袖中布料打剪口，布料向后推，做出袖弯弧度，在袖中重新固定，调整袖口宽度（图7-112）。

⑥在手臂袖肘处打剪口，向外侧推移布料，调整袖弯，观察袖的整体造型，以及与衣身的平衡关系，沿肩线、袖中线贴出标记线（图7-113）。

⑦腋下袖中缝同样贴出标记线（图7-114）。

图7-109　　　　　　　　图7-110　　　　　　　　图7-111　　　　　　　　图7-112

⑧沿插肩袖参考线重叠别合布料，修剪领围。

⑨后袖片基准线对准肩点，布丝垂直向下，在肩点及袖口处用大头针固定（图7-115）。

图7-113　　　　　　　　　　图7-114　　　　　　　　　　图7-115

⑩抬起手臂，与人台形成一定的角度，观察插肩袖的活动量，估算袖肥（图7-116）。

⑪放下手臂，布料推向手臂内侧，袖片因手臂的下压在肩部自然形成一个压褶，褶量为手臂抬起的活动量，观察调整袖肥量，在臂根处固定（图7-117）。

⑫布料依靠肩点支撑自然垂下，与衣身重叠一致，观察处理插肩袖与衣

身的衔接关系，在肩甲骨向领围方向捋顺布料，产生的多余量推向肩线外侧，在侧颈处固定。

⑬手臂内侧，袖中缝留够余量后打剪口，接近腋底位置。

⑭手臂下端，调整确认袖口宽度后，以手肘为中心，逆时针方向提拉手臂内侧布料，做出手臂的弯势，在袖口内侧与前袖固定。手臂上端，调整确认袖肥量，向下理顺内侧布料，袖肘位置产生余量，做吃势处理，在臂根处与前袖固定，修剪余布（图7-118）。

⑮手臂外侧，观察调整插肩袖形态，确认袖的活动松量后，沿袖中缝与前片重叠固定，肩端点处会产生余量做吃势，修剪余布（图7-119）。

（2）点位。

标记插肩袖线，确认插肩袖长度，标记各部位的对位点。

（3）画板。

完成衣身、插肩袖的板型绘制（图7-120、图7-121）。

3. 审视、检验

（1）从腋底开始固定插肩袖（图7-122）。

（2）别合成型，观察成衣最后形态。确认纽扣位置、口袋的尺寸及位置（图7-123～图7-125）。

图7-116　　　　　　图7-117　　　　　　图7-118　　　　　　图7-119

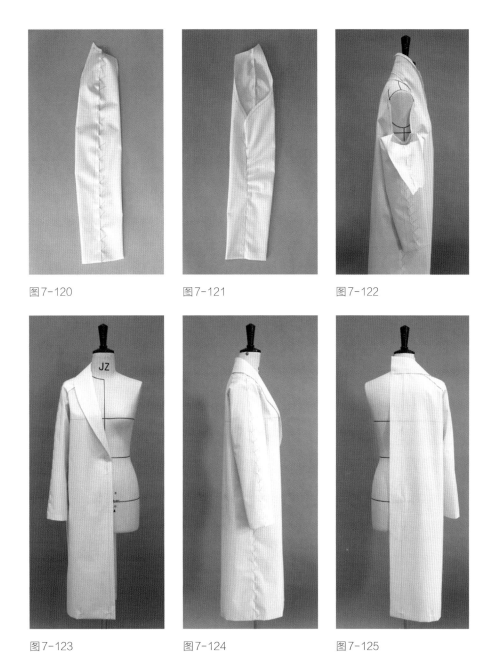

图7-120 图7-121 图7-122

图7-123 图7-124 图7-125

五、板型结构图

板型结构图如图7-126所示。为了使青果领型形态更为美观，可使领的翻折线呈弧线变化，这与领口省的调整和处理密切相关。因连体领型结构，可通过领座设计，满足人体结构变化，从而达到造型要求。理解插肩袖结构的特征，处理插肩袖与衣身的衔接关系，掌握袖肥量、活动量的调整。

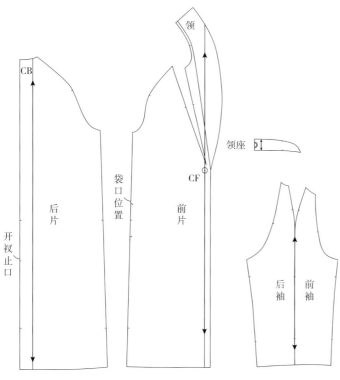

图 7-126

第四节 连肩袖大衣

一、款式结构分析

连肩袖大衣衣身为直线箱型，双排扣设计，宽大领型，斜插口袋，搭配腰带，勾勒腰身轮廓，款式简洁时尚，是一款经典实用的大衣。连肩袖为三片结构，包括前后连肩袖片、腋下小袖片，袖窿有插片结构处理，以此满足手臂活动量（图 7-127）。

二、人台准备

（1）在人台上贴出所需的标记线。人台的前中心线向外 1cm 贴出一条平行线，以此作为中心线，确认门襟尺寸，贴出标记线。

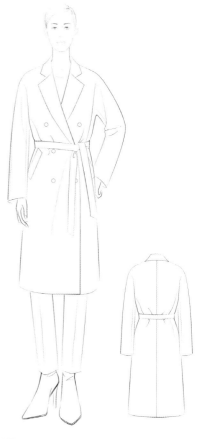

图 7-127

（2）后颈点向上确定领座的高度，经过侧颈处到驳折止点贴出翻折线，贴出平翻领的造型。

（3）人台侧面贴出袖插片的袖窿参考线形状，以前胸宽点和背宽点向下，经过胸围线，在胸围线下8cm左右相交于侧缝线（图7-128～图7-130）。

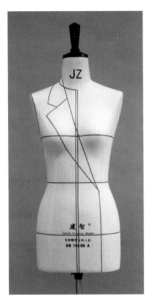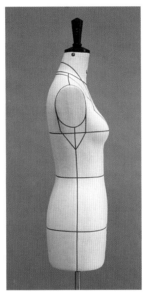

图7-128　　　　　图7-129　　　　　图7-130

三、坯布准备

准备坯布，连肩袖与衣身连为一体，观察手臂的活动幅度，预留足够的尺寸（图7-131）。

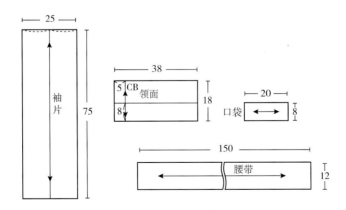

图7-131

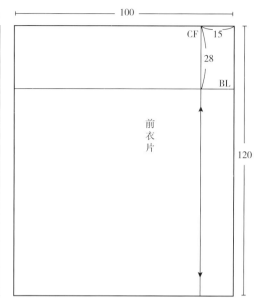

图7-131

四、立裁操作步骤与方法

1. 别样

（1）前衣片的基准线与人台的中心线及胸围线重合，确认是否垂直、水平放置，用大头针固定布料。

（2）在前胸放入足够松量作出一个转折面，依靠肩点支撑，布料自然下垂，使衣身呈现箱型轮廓，侧面胸围参考线稍下移一点，观察调整衣身造型，在侧面胸围线处固定。

（3）胸围线以上布料向上捋平，整理肩部，肩点处固定，前胸形成一定的余量，是胸部的省量（图7-132）。

（4）抬起手臂，与人台形成一定的角度，观察连肩袖的活动量，估算袖肥，用大头针在手臂内侧袖口处固定（图7-133）。

（5）放下手臂，布料推向手臂内侧，袖片因手臂的下压在肩部自然形成一个压褶，褶量为手臂抬起的活动量，观察调整袖肥量，在臂根处固定（图7-134）。

（6）侧缝处预留缝份量，打开剪口，剪至前腋点处，修剪手臂内侧多余布料。

图7-132   图7-133   图7-134

（7）整理手臂外侧布料，粗裁布料，在袖中打剪口，向袖中缝外侧推移布料，袖中部位固定，做出手臂的弯势，袖口处调整确认袖口尺寸，从侧颈点开始，沿肩线和袖中缝贴出标记线（图7-135）。

（8）观察确认连身袖造型，按照新确定的袖窿参考线，从袖窿底开始，经过前腋点，贴出前袖片接缝线条（图7-136）。

（因前袖有手臂活动的褶量，可将手臂抬起，贴出标记线。）

（9）在驳折点打剪口，沿翻折线翻折布料，用标记下贴出驳头形状，修剪多余布料（图7-137）。

图7-135   图7-136   图7-137

（10）后衣身中心线参考人台中心线向外偏移1cm，垂直于地面，胸围线保持水平，保持背宽布丝水平，用大头针固定。依靠肩点支撑，将布料推向手臂内侧，在胸围线处，做出后背宽松量，整理成箱型形状，用大头针在侧缝处固定。

（11）整理领围，后领围留一定的松量，用大头针在侧颈、肩点位置固定（图7-138）。

（12）抬起手臂，与人台形成一定的角度，观察连肩袖的活动量，估算袖肥，在手臂内侧袖口处固定（图7-139）。

（13）放下手臂，布料推向手臂内侧，袖片因手臂的下压在肩部自然形成一个压褶，褶量为手臂抬起的活动量，观察调整袖肥量，在臂根处固定。

（14）侧缝处预留缝份量，打开剪口，剪至后腋点处，修剪手臂内侧多余布料（图7-140）。

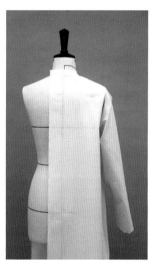

图7-138　　　　　　图7-139　　　　　　　　图7-140

（15）整理手臂外侧布料，调整确认袖肥、袖口尺寸，从侧颈点开始，沿肩线和袖中缝别合前后衣片，在肩点处会产生吃势量（图7-141）。

（16）观察确认连身袖造型，按照新确定的袖窿参考线，从袖窿底开始，经过后腋点，贴出后袖片接缝线条（图7-142）。

（17）确认衣身宽松量，合前后侧缝。

（18）做小袖。预留插片尺寸折叠布料，折边紧贴前后腋点，袖中缝对准手臂的内侧中缝线，固定布料（图7-143）。

图7-141

图7-142

图7-143

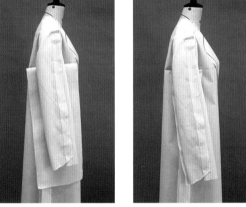
图7-144

图7-145

图7-146

图7-147

图7-148

图7-149

图7-150

（19）抬起手臂，布料与连肩袖重合一致，沿标记线用大头针别合前后袖片，以及腋下插片位置处，修剪余布（图7-144）。

（20）重新贴出领围线，与串口线相连（图7-145）。

（21）做领。衣身的后颈点与衣领的后中心垂直相对应，水平地用重叠针法固定，水平2～2.5cm处布丝放正，用大头针固定（图7-146）。

（22）把衣领围到脖子上。一边打剪口，一边用大头针固定，直到侧颈点（图7-147）。

（23）在后中心处确定领座高度后，向下翻折，后领宽比领座宽要宽0.5cm，再向上翻折，水平别上大头针（图7-148）。

（24）领从后向前绕。一边控制领与颈部的空间，一边逆时针方向旋转移动领底布，并轻轻向下拉，调整领的翻折线与驳头的翻折线对齐，确认领的造型（图7-149）。

（25）驳头翻到领上，观察领与驳头的整体外观，在串口线上用大头针固定。同时注意领外围尺寸是否不足并作调整（图7-150）。

（26）将领与驳头一同翻起，从侧颈点起到前领围处用大头针固定（图7-151）。

（27）领外翻折位置打剪口，用标记线贴

出领的外形线，确认领的形状（图7-152）。

图7-151　　　　　图7-152

2．点位

标记连肩袖线，领外形线，门襟线等，标记各部位的对位点。

3．画板

完成衣身、连肩袖和领的板型绘制。

4．审视、检验

别合成型，观察成衣最后形态。确认纽扣位置、口袋的尺寸及位置，在腰部系上腰带（图7-153～图7-155）。

图7-153　　　　　　　图7-154　　　　　　　图7-155

五、板型结构图

板型结构图如图7-156所示。理解连肩袖结构特征，连肩袖的结构与袖窿底位置有关，袖窿底在腰围线附近，一般需要设计小袖片，满足连肩袖的立体造型，袖型相对合体，如在胸围线以下较大位置（18cm以上），无须设计小袖片，前后袖片相连，袖型相对宽松。

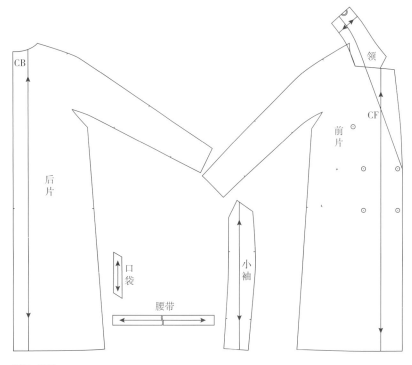

图 7-156

思考与练习

1. 在大衣立裁中，针对无省衣身，如何塑造宽松衣身造型？

2. 青果领的立裁基本步骤和方法是什么？

3. 落肩袖、插肩袖的立裁基本步骤和方法是什么？

4. 搜集成衣女装中大衣的款式图片，分组整理，并对其进行款式结构分析。

5. 完成1款大衣的立体裁剪练习。

参考文献

[1] 日本文化服装学院. 立体裁剪基础篇[M]. 上海：东华大学出版社，2004.

[2] 小池千枝. 文化服装讲座：立体裁剪篇[M]. 白树敏，王凤岐，编译. 北京：中国轻工业出版社，2007.

[3] 克劳福德. 美国经典立体裁剪基础篇[M]. 张玲，译. 北京：中国纺织出版社，2003.

[4] 海伦·约瑟夫-阿姆斯特朗. 服装立体裁剪（上）[M]. 刘驰，钟敏维，等译. 上海：东华大学出版社，2016.

[5] 刘咏梅. 服装立体裁剪基础篇[M]. 上海：东华大学出版社，2016.

[6] 钟利，吴煜君. 女装立体裁剪[M]. 上海：东华大学出版社，2023.

[7] 张文斌. 服装立体裁剪[M]. 北京：中国纺织出版社，2012.

[8] 郑红霞，许敏，庄立新. 服装立体裁剪[M]. 北京：中国纺织出版社，2017.

[9] 王凤岐. 立体裁剪教程[M]. 北京：中国纺织出版社，2014.

[10] 汤瑞昌. 成衣立体裁剪[M]. 北京：中国纺织出版社有限公司，2022.